社会化媒体时代知识协同理论与应用

陈建斌　等著

電子工業出版社
Publishing House of Electronics Industry
北京 • BEIJING

内 容 简 介

“知识协同”是近年来知识管理领域的热点，尤其是随着基于 Web 2.0 技术的社会化媒体的广泛应用，知识协同受到理论研究和企业实践的高度关注。本书围绕“知识协同”概念展开，共分两篇。上篇试图建构知识协同的理论体系，首先梳理了知识管理理论的发展历程，然后探讨了知识协同若干理论问题，包括知识协同的概念、知识协同的核心——协同效应问题、知识协同中社会资本与知识资本增值问题、知识协同的绩效评价问题等，在此基础上进行了基于 Web 2.0 的知识协同自组织分析，最后以“提升企业调动知识资本能力”概括 Web 2.0 知识协同的地位与作用。下篇是应用分析，主要针对北京服务外包产业进行了知识协同生命周期、演化模型及其仿真、绩效影响因素及实证等分析，为服务外包企业知识协同管理和产业集群治理提出了管理建议。

本书可为从事知识管理、信息管理、战略管理的企业管理人员提供理论参考，也可以供信息管理与信息系统、电子商务、企业管理等专业的教师、学生、研究者参阅，其中关于产业治理的研究也可供政府部门制定经济政策时参考。

图书在版编目（CIP）数据

社会化媒体时代知识协同理论与应用 / 陈建斌等著. —北京：电子工业出版社，2015.5
ISBN 978-7-121-25862-6

Ⅰ. ①社… Ⅱ. ①陈… Ⅲ. ①知识管理—研究 Ⅳ. ①G302

中国版本图书馆 CIP 数据核字（2015）第 074364 号

责任编辑：徐蕾薇　　特约编辑：劳嫦娟
印　　刷：三河市双峰印刷装订有限公司
装　　订：三河市双峰印刷装订有限公司
出版发行：电子工业出版社
　　　　　北京市海淀区万寿路 173 信箱　邮编　100036
开　　本：720×1000　1/16　印张：12.75　字数：223 千字
版　　次：2015 年 5 月第 1 版
印　　次：2015 年 5 月第 1 次印刷
定　　价：39.00 元

凡所购买电子工业出版社图书有缺损问题，请向购买书店调换。若书店售缺，请与本社发行部联系，联系及邮购电话：（010）88254888。

质量投诉请发邮件至 zlts@phei.com.cn，盗版侵权举报请发邮件至 dbqq@phei.com.cn。

服务热线：（010）88258888。

前　言

十多年前开发企业信息管理师的教材时，关于知识管理的一句话让笔者印象深刻："企业中知识的贡献不在于数量的多少，主要取决于知识的流动速度"。知识在流动中与其他的知识产生了碰撞，在碰撞的过程中实现了知识利用和知识创新，所以说知识的价值体现在将信息与特定过程和未知情境进行动态匹配的能力。知识管理的目标就是将最恰当的知识在最恰当的时间传递给最恰当的人，从而使他们能够更好地利用知识做出最好的决策。这其实就是"知识协同"的精髓。

纵观知识管理领域，有很多经典的研究主题，如知识管理、知识转移、知识共享、知识创新、知识应用等。知识管理是一个综合度很高的概念，包括了一切"对知识、知识创造过程和知识的应用进行规划和管理的活动"；而"知识转移、知识共享"等则属于微观领域，具体指代知识活动中的某些特定过程。我们认为，知识协同是一个连接宏、微观知识活动的中间变量，它既是多种微观知识活动的综合，又是知识管理的支撑概念，是知识管理的根本目标和核心机制。知识协同具有宏、微观双重属性，内涵丰富，为知识管理和知识创新的研究提供了新的视角和理论支撑。

我们对"知识协同"的关注，来源于如火如荼的互联网社会化媒体的盛行和广泛应用。实际上，互联网进入 Web 2.0 时代，首先是赋予了每个知识拥有者更强大的知识推送能力，给每个知识需求者提供了更强大的知识获取能力；其次是社会关系发挥关键作用，成为知识协同和知识创新的催化剂；最后则是平台特性，让更多的人在同一时刻处于同一个知识情景，知识的碰撞使智慧即刻产生。真知就像一张拼图，每个人持有其中的一个局部，社会关系让他们关联起来，平台特性让大家知道了相互位置，于是真知——"正确的拼图"就产生了。

一个企业如果认识到了知识的重要性，可能会做很多知识管理的工作，其中构建自己的知识库是必不可少的。但是，知识库只能完成显性知识的集约和共享，更多无法显性化的隐性知识如何挖掘？还有，企业外部知识也很重要，而获取外部知识的有效途径是什么？传统的知识管理技术很受局限，社会化媒体平台无疑是一个革命性的技术创新。而有了这样的技术平台后，企业应该从战略到策略如何充分应用它，也是我们关心的管理话题。

在此背景下，我们近几年开展了知识协同的专题研究，先后完成了两个北京市哲学社会科学规划项目、一个北京市教委社科重点项目，并在这些研究的基础上进一步梳理和思考，形成了本书的主要内容，希望能够与同道者分享，并得到更多的指导。

本书由陈建斌进行总体策划，并撰写了第 1～5 章，第 8、第 11、第 12 章的主要内容，徐凯波、高书丽撰写了第 6 章，孙洁、陈建斌撰写了第 7 章，王颜新主要完成第 9 章，郭彦丽、高书丽主要完成第 10 章。

陈建斌

2015 年 3 月

目　　录

上篇　知识协同理论

下篇　服务外包知识协同分析

上篇　知识协同理论

第 1 章　绪　　论

1.1　问题的提出

《大般涅盘经》三二:“尔时大王，即唤众盲各各问言:‘汝见象耶?’众盲各言:‘我已得见。’王言:‘象为何类?’其触牙者即言象形如芦菔根，其触耳者言象如箕，其触头者言象如石，其触鼻者言象如杵，其触脚者言象如木臼，其触脊者言象如床，其触腹者言象如瓮，其触尾者言象如绳。”

盲人摸象的故事相信大家都听说过。从前，有四个盲人很想知道大象是什么样子，可他们看不见，只好用手摸。胖盲人先摸到了大象的牙齿，就说大象就像一个又大、又粗、又光滑的大萝卜。高个子盲人摸到的是大象的耳朵，就说大象是一把大蒲扇。而矮个子盲人摸到了大象的腿，则说大象只是根大柱子。那位年老的盲人呢，因为摸到了大象的尾巴，就嘟囔说大象哪有那么大，它只不过是一根草绳。四个盲人争吵不休，都说自己摸到的才是大象真正的样子。而实际上呢?他们一个也没说对。后人即以“盲人摸象”比喻看问题以偏概全，只看到事物的一部分，而看不到全局，必须全面和真实地了解事物的情况（见图 1.1）。

图 1.1　盲人摸象

回到故事本身，每个盲人并非不想知道事物的全局全貌，只是受到条件所限无法获得而已。如果他们能够把各自摸到大象的部分拼接起来的话，是不是会形成一个全局的印象呢？而要实现各自知识的拼接，就需要知道每人的知识相互之间的关系，然后正确地连接起来，形成对事物的全面、准确认识，殊非易事。

情形在现代信息技术的支持下，似乎得到了大的改观。

事例一：虐猫事件与铜须门事件

（1）2006 年 2 月 28 日，网民“碎玻璃渣子”在网上公布了一组变态而残忍的虐猫视频截图：一名打扮时髦的中年妇女用她那双崭新亮丽的高跟鞋跟踏进了小猫的肚子里。小猫张开了嘴巴，似乎在惨叫。但这只是一个开始，高跟鞋跟接着狠狠地插进小猫的嘴中，又插进小猫的眼睛里。小猫眼珠都被踩出来了，最后脑袋被踩爆了，“漂亮”的高跟鞋踩在一片血肉模糊之中。

虐猫图片被公布后，网民们愤怒了，开始对图中女子展开人肉搜索！不久，有人把有关“踩猫”事件的网址公布出来，指出“踩猫”视频出现在踩踏世界的官方网站上。紧接着又有网友贴出该女照片，做成一张“宇宙通缉令”，让天下网友举报，不少网友表示愿意悬赏捉拿凶手。随后有人跟帖说，踩踏世界的官方网站和另一网站是同一个 IP。他还贴出具体信息：网站注册者是杭州某公司的法人代表郭某、男等真实信息。

3 月 2 日，另一个网友突然发帖：“这个女人是在黑龙江的一个小城……”他的帖子让事件出现关键性转变。3 月 4 日，有人确认了此信息，还补充了一些资料。虐猫事件的三个嫌疑人基本确定，距离“碎玻璃渣子”在网上贴虐猫组图不过 6 天时间，其效率之高可能不亚于警方的办案速度。

（2）2006 年 4 月 12 日深夜，一个网名为“锋刃透骨寒”的网友发帖自曝，其结婚六年的妻子，在玩《魔兽世界》期间与其公会会长“铜须”（一名在读大学生）在游戏中长期相处产生感情，并发生一夜情的出轨行为。同时他还贴了一段其妻“幽月儿”与“铜须”的 QQ 聊天记录，并且公布了“铜须”的 QQ 号。此帖一出，立即在网上引起轩然大波。该帖每天点击量超过 20 万次。对“铜须”的道德义愤成为网络舆论的主流，声讨“铜须”的帖子贴满各大论坛。

随着事态不断升级，当事人发表题为《让生活继续》的帖子，希望结束此事。

不过，玩家的争论还在继续，偏激的反对行动仍在进行。先是“铜须”所在 2 区麦维影歌服务器上大批的 1 级小号联盟，以在游戏中抗议、静坐、游行、裸奔、自杀等行为对“铜须”进行声讨。由于参与人数众多，甚至使服务器瘫痪，游戏无法正常运行。紧接着，网友们又将“铜须”的真实姓名、籍贯、出生日期等信息贴了出来。甚至其所在院校的校长都受到了牵连，一度被质疑参加福布斯网站举办的首届最佳校长 100 名人榜评选大赛的评选资格。男主角被逼无奈，发布了视频声明希望事件得到平息，但网友却没买账。最后在央视的参与下，事件才一步步得到平息。

事例二：精英的大英百科与草民的维基百科

2012 年 3 月 14 日，大英百科全书宣布将停止发行印刷版，但会继续推出数字版。这也标志着其 244 年的历史走向终结。大英百科全书公司总裁乔格 • 考兹（Jorge Cauz）表示：“印刷版或许不会从市场上彻底消失，但我认为它的重要性会越来越小。许多出版物将永远不会发行印刷版，只会以数字形式出现。”

随后，cnBeta 在网站上发表文章指出：近年来，互联网和其巨大的传播资源造成印刷参考书已几乎完全消灭，特别是维基百科，这 11 年来已经是群众眼里的权威专家。作为一个免费的在线百科全书，归功于数以万计的积极贡献者编辑，维基百科已经逐渐成为一个主要知识来源，同时还具备一个符合 21 世纪要求的特性：及时、全面的材料更新。不过，Jorge Cauz 表示，由于学术气息浓厚，始终深受用户欢迎，大英百科全书并未受到免费、内容开放的百科全书协作网站维基百科的冲击。

无论如何，有一点不可否认，与集中式规模化专业性的大英百科相比，分散式开放并且社会化的维基百科已经成为用户更好的选择。不仅如此，面对社会甚至政治，维基百科也正在逐渐发挥其不可忽视的影响力。2012 年 1 月 17 日，维基百科英文版表示为抗议美国 SOPA、PIPA 法案（网络反盗版法、知识产权保护法）将于次日关站一天；18 日，维基百科英文的任何查询都会返回一个黑色页面，上面大字写着“试想一个没有自由知识的世界”。而同一天，美国小孩对这个家庭作业助手突然间的消失表示愤慨，并在推特网上发出大量推文。

最后，就像《维基百科和专家之死》一文中描述的那样，维基百科不仅展现新的信息包装方式，同时也是“信息”的一种新的呈现。它是“智慧的荟萃”，不是吗？知识是通过争论产生和构建的，而不是来自神的启示。在蜂群面前，专家又算得了什么呢？（引自 http://blog.sina.com.cn/s/blog_668ca7f001010ezq.html）

事例三：众包的宝洁和小米

2000 年以前，宝洁公司的研发成本不断攀升，然而销售业绩平平，股价也下跌了一半多。公司副总裁 Larry Huston 受命创新公司的研发之路，他放弃了裁减内部研发人员的做法（宝洁目前的研发部门有 9000 多人），而决定从改变他们的工作方式入手。他发现公司很多成功的产品都是不同部门合作的结果，由此想到，如果这样的“交叉授粉”范围扩大，将会催生更好的产品。同时，宝洁也树立了一个目标，把公司外部的创新比例从原来的 15%提高到 50%。六年过去了，据 Huston 介绍，宝洁的研发能力提高了 60%，股价也逐步回升至五年来的新高。“我们对公司组织的定义有了很大的改变”，Huston 说道，“我们目前有 9000 多名研发员工，而外围网络的研发人员达到 150 万人，二者的界限很难界定”。

担任宝洁外围网络研发工作的人，是一群像 Ed Melcarek 这样的自由职业者。57 岁的 Ed Melcarek 是一名物理学家，但是他却经常在一个小房间里倒腾一些化学瓶罐。他并非受雇于任何一家化学用品公司，他所做的研发工作完全是出于自己的兴趣，以及体现个人价值的需要。大多数的周六，他会走进这所房间，倒上一杯酒，点上一支烟，然后开始向科研难题发起进攻，这些难题来自《财富》百强中的许多公司，曾一度困扰了他们的研发人员。

有 9 万多名像 Melcarek 一样的科研人才聚集在一个名为“创新中心”（InnoCentive）的网站上，他们共同的名字是“解决者”（Solver），形成了这个研发供求网络用户的“半边天”。与此对应的是“寻求者”（Seeker），成员包括波音、杜邦和宝洁等世界著名的跨国公司，他们把各自最头疼的研发难题抛到“创新中心”上，等待隐藏在网络背后的高手来破译。“寻求者”除了需要向“创新中心”交付一定的会费外，为每个解决方案支付的费用仅为 1 万～10 万美元，而“创新中心”上的难题破解率为 30%，也比传统雇佣研发人员的效率要高出 30%（“创新中心”首席科技官 Jill Panetta）。

中国也有成功的众包案例，最典型的就是小米手机的操作系统 MIUI。虽然师出名门小米公司，MIUI 能够获得上百万 Android 发烧友的青睐，和小米的品牌几乎没有关系（此前，没有人知道 MIUI 是小米旗下的产品），让手机发烧友们热爱 MIUI 的一个原因是它每周五雷打不动的更新。对于热爱 MIUI 的用户而言，每个周末，都有一份期待。MIUI 提供适配的 11 个型号的 Android 手机，会在周五收到有新版本的提示，下载完几兆的更新文件后，手机会自动进入刷机系统，刷完后自动重启进入正常使用状态。每周五更新是 MIUI 采用互联网模式开发手机操作系统的一个体现，这也是用户最容易感知的一个方面。

除此之外，MIUI 的整个开发过程都已经完全按照互联网产品的开发模式在做，比如 MIUI 每周更新的功能，哪些受欢迎哪些不受欢迎，全是由 MIUI 社区超过 30 万用户投票产生，新功能开发的优先级、甚至系统的默认铃声是哪首曲子，也是由用户投票产生。MIUI 团队 80%的精力花在新功能的开发上，所以其用户全是发烧友用户，他们很愿意到论坛上进行反馈和交流。为了让用户反馈 bug 更方便，MIUI 主页面醒目位置设置了一个很大的留言框"想对我们说什么？"用户点击即可进入社区。而对 MIUI 项目组的成员而言，泡论坛是他们最重要的工作之一，他们在这里收集用户反馈，为用户解决疑难问题。小米团队强调，每一个用户都是 MIUI 的宝贵财富，都要尽力维护好。

无论是人肉搜索，抑或是维基和众包，与盲人摸象一样的是每个个体拥有的知识总是局部、片面的；与盲人摸象不一样的是，这些个体的知识在互联网环境下，在社会化媒体的支持下，在恰当的时间实现了拼接。于是，事情的结果就大不一样，盲人们可能永远也无法认清大象的真实面目，而今天互联网的用户们却能够在极短的时间内还原事件、构造真实、推动认知与创新。

学者们已经意识到，这种在恰当的时间将恰当的知识传递给恰当的人，共同完成解决某个问题的知识活动，与以往的知识管理（Knowledge Management，KM）有所不同，也因此有学者命其名为知识协同，称其是第三代知识管理。很显然，知识协同与传统知识管理中的知识转移、知识共享相比，虽然有很多相同的地方，更有不同的动态、协作、增值特性，是知识管理的新领域。本书第一篇正是基于这样的理论实践背景，把研究焦点集中于知识协同理论的建构及其在 Web 2.0 环境下的社会化媒体应用分析。

知识协同的理论部分主要内容如下。

（1）知识协同的理论基础——自组织与知识治理

传统的知识管理理论基于“管控”视角，遵循自上而下的设计、部署、实施。知识协同之所以能够在 Web 2.0 技术支持下广泛实践，得益于其自下而上的管理理念、分散的管理模式、扁平化的组织结构和广泛的用户参与，本质上是一种系统自组织现象。自组织系统需要以“治理”而非“管理”的理念加以引导和经营。因此，本书首先以系统论和协同论中的系统结构、序参量、涌现、熵变为核心，梳理知识协同自组织机制和知识治理理论，构建知识协同的理论基础。

（2）知识协同的核心概念——协同效应

目前关于知识协同的理论分析，较多的是过程性描述，对于“协同效应”的理论分析不够。知识协同的“协同效应”研究是理论研究的核心。只有对知识协同的绩效——“协同效应”进行准确的剖析，才能把知识协同与知识转移、知识共享等相关概念区分开，才能构建特有的理论体系。本书将微观层面的知识协作和宏观层面的资本增值相结合，全面探析知识协同效应的界定和度量问题，构造出自成一体的知识协同绩效理论及其度量方法。

（3）知识协同的两大支柱——隐性知识挖掘与外部知识获取

知识协同是自组织过程，知识主体会在社会化的自主协作过程中实现隐性知识的转化和利用，能够有效解决知识转移中隐性知识难以显性化的问题；社会化媒体的应用，能够集成企业内部知识资源，以及企业客户、供应商、合作伙伴等的外部知识资源，形成无边界组织的知识网络，能够有效解决知识创新中的外部知识难以获取的问题。本书通过对知识创新机制的梳理，进一步明晰隐性知识和外部知识在企业创新中的重要地位，构建基于隐性知识挖掘与外部知识获取的知识协同核心过程。

（4）知识协同的实现机制——社会化媒体及知识治理

社会化媒体为知识协同实现机制中的重要内容。缺少社会化媒体的支持，知识协同将失去应用基础。本书以知识治理理论为基础，从社会网络、社会资本层面对社会化媒体应用特征进行阐释，在社会网络层面重点研究知识主体的个性特征与网络特征相结合的二维分析框架，探讨知识主体能动性和网络外部性对于知识创新的关系，进一步明晰知识协同的机制问题；在社会资本层面，探讨应用社会化媒体（如企业百科、微博等）提高知识协同能力的作用机制，确立“企业调动知识资本实现企业创新”的知识协同核心理念。

知识协同可以实现知识的正确拼接，如图 1.2 所示。

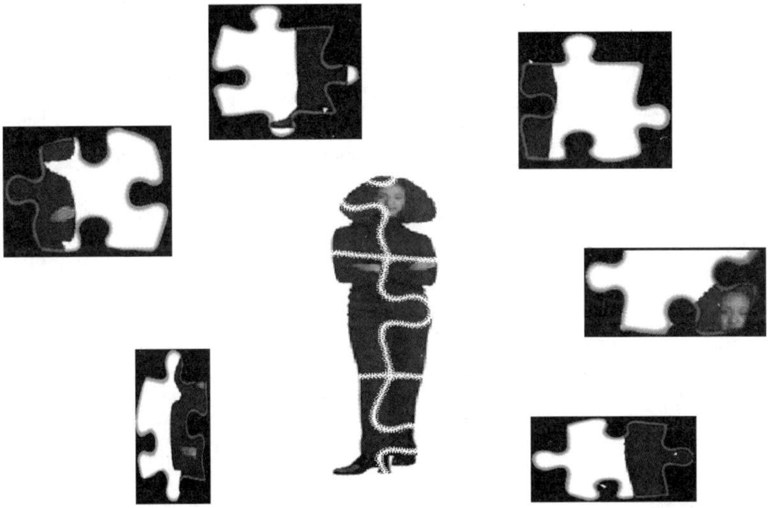

图 1.2 知识协同实现知识的正确拼接

1.2 服务外包中的知识协同

知识协同概念的提出在 21 世纪初，其背景正是现代信息技术在生产、生活中广泛深入应用所推动的知识活动的新变革和新趋势。尤其是 Web 2.0 技术支持下的社会化媒体软件，激活了大量传统沉默和丧失话语权的草根和底层网民。现代经济全球化进程中，很多企业活动表现出协同发展的新特点，众外、外包、供应链协作、客户参与等商业模式催生了更多虚拟组织、无边界组织的诞生。而这些模式的本质，则是依托现代信息技术和互联网环境的知识协同。

IT 服务外包是随着新一轮国际产业分工深入发展而兴起的产业形态，涉及信息、金融、医药等众多行业和领域，具有技术承载度高、附加值大、资源消耗低、环境污染少、吸纳就业能力强等特点。加快发展服务外包，对于我国实现经济结构战略性调整，提升开放型经济发展水平意义重大。IT 服务外包是智力密集型产业，其成果是一种知识产品——软件及其服务。因此，在 IT 服务外包的微观层面，存在着大量的知识协作/协同，以人为主要载体的知识主体通过不断的知识交流，通过共享、转移、学习和创造，为客户提供知识服务。在动态的服务过程中，来自接发包企业双方的项目成员构成了典型的虚拟团队，这种团队的跨时空分布，造成了语境缺乏和隐性知识转移障碍；跨组织形态，造成了管理与协调障碍；跨文化背景，造成了知识情境障碍。上述多种障碍势必影响团队成员间的知识转移或协同效率，而这正是 IT 服务质量和效率的决定性因素。

知识协同微观上存在于知识员工组成的虚拟项目团队中，宏观上存在于企业组成的产业链中；"协同"指知识学习、利用和创造知识的整体效益大于各部分总和的效应。基于 IT 服务的特殊性和高成长性，基于社会网络理论，我们需要关注其中的若干问题：一是虚拟团队在跨时空、跨组织、跨文化状态下知识网络的形成和演化过程，寻找知识主体的选择机制和沟通机制、网络的结构特性和关系特性、网络演化的动力机制和阶段特征；二是服务外包企业知识协同的绩效评价方法，把握知识协同与转移的基本要素和规则，从而确定企业知识管理策略和产业演化规律；三是企业 Web 2.0（Enterprise 2.0，指 Web 2.0 平台在企业内部的应用形式）环境下知识协同自组织特性以及企业推进知识协同的管理策略。因此，本书在完成知识协同理论的探讨后，下篇进一步对 IT 服务外包中的知识协同进行了多层面、多角度的研究，试图揭示虚拟团队知识协同的本质和规律，为服务外包企业的知识管理提供更多的理论参考。

1.3 研究意义

1. 关于知识协同的理论研究

传统认为，企业所拥有的知识资源是创新的基础。然而，知识经济时代的企业创新，并不仅仅依赖于自身拥有的，而是其能够调动的知识资源及其知识协同能力。很多企业已经在利用社会化媒体构建自己的开放式创新网络，努力把客户、供应商、合作伙伴通过一个高度交互、动态的数字平台集成在自己的知识网络中，不断扩展可调动知识资源的范围和层次，并进一步促进内部知识发掘和外部知识获取，加强知识协同，促进知识创新，提升竞争优势。

知识协同是整合知识资源、实现知识创新的组织战略方法和核心机制，而基于 Web 2.0 技术的社会化媒体应用催生了知识协同实践，带来了革命性变化。Web 2.0 环境下的知识协同是当前企业实践的重点，也是理论研究的焦点。企业以 Web 2.0 平台为支持的知识协同实践如火如荼，然而知识管理领域关于知识协同的理论研究远远滞后，相关的理论研究尚处于概念探讨和特征描述阶段，尚未能回答如何利用社会化媒体有效促进企业知识协同和知识创新的“Why”和“How”问题。在总结知识协同实践经验的基础上及时抽象和构建理论体系，有助于完善知识管理理论，并能够指导更多企业的知识协同实践，提升效率和价值，从而提升竞争力。

2. 关于 IT 服务外包中的知识协同研究

以服务外包为主要特征的新一轮世界产业调整正在兴起，我国的服务外包已经初具规模，而北京市作为服务外包示范城市之一，产业集聚和企业发展的绩效特别突出。2013 年 1～10 月，北京市在商务部“服务外包业务管理和统计系统”上登记的离岸服务外包合同执行金额达 30.67 亿美元，同比增长 22.2%。其中，信息技术外包（19.87 亿美元）、业务流程外包（5.74 亿美元）和知识流程外包（5.06 亿美元）执行金额占离岸服务外包执行总额的比重分别为 64.8%、18.7%和 16.5%。发包额居前 5 位的国家为美国、芬兰、日本、新加坡与爱尔兰。

总体上说，包括北京在内的我国服务外包产业层次较低，竞争力不强，急待寻求产业升级的最优发展策略。服务外包是智力密集型产业，其成果基本是知识产品，生产过程中存在大量的知识活动。微观上，服务外包双方的项目成员构成的虚拟团队，其知识协同的效率决定了 IT 服务的质量和效率；宏观上，产业链上知识资源的流动与配置效率，也决定了地区产业整体竞争力。我们瞄准服务外包产业中的知识协同机理问题，从微观和宏观两个层面展开研究。微观上研究了虚拟团队具体的知识协同过程，宏观上提出了基于资本增值的虚拟团队知识协同绩效评价方法，加强服务外包项目绩效评价中知识资本和社会资本增值与否的评价，有利于服务外包服务企业从战略层面重视知识资产的积累，加速行业领域知识优势的培养，促进竞争力的构建，具有重要的理论意义和实践意义。

如何通过提高知识管理的效率，促进企业能力培养和产业水平升级，是我国 IT 服务外包产业当前必须解决的关键问题。我们针对典型地区（北京）进行调查研究所得到的服务外包知识协同的研究成果，将有助于相关企业内的知识管理实践，也有利于产业主管部门据此制定相关人才培养、企业发展等扶助政策，提高产业整体的竞争力。因此，本项研究具有较高的实际应用价值。

第 2 章　知识管理基础

2.1　知识管理的兴起

30 多年前，美国管理学大师彼得·德鲁克曾经断言："就像 19 世纪的一项伟大任务是使手工劳动产生出巨大的生产力一样，将知识转化为生产力将是 20 世纪的一项伟大工程。"德鲁克关于知识转化为生产力，即知识管理的直觉竟然一语成谶。

那么，究竟什么是知识？相应地，什么又是知识管理呢？一个公司的知识具有许多不同的形式，包括员工在工作过程中所获得的信息和学识，以及劳动者本身所体现出的使公司拥有竞争优势的独特技术和能力。知识也能够表现为数据库、报告和手册等信息形式，以及公司所拥有的受法律保护的知识产权（专利、版权、商标、商业机密等）。知识管理就是要以一定的方法使员工能够方便地获取这些信息，从而将其转化为有价值的产品、服务、流程，使公司从中获得收益。

不同的公司或企业实施知识管理时，有不同的实践行为，一般包括：

- 总结实践经验，创建最佳实践的信息库；
- 在客户服务人员和产品研发、制造人员之间建立沟通网络，从而获取有益的客户知识，提高产品质量和功能；
- 建立规范的流程，以保证在项目执行过程中所获得的经验教训能够传达给执行相似任务的同事；
- 引入非正式的人际交流网络，该网络由长期在公司工作的员工以及能够联系信息需求者和信息提供者的员工组成。

而实施知识管理所能带来的收益，主要表现在以下方面：

- 提高生产力。比如，美国德州食品公司（Texas Instruments）通过研究和分享自己不同的晶片加工厂的关键工作流程，利用现有设备在六个月内增加了相当于一个工厂的产量；福特汽车公司的最佳实践复制系统帮助工厂负责人实现了全公司年均产量增加5%的目标。

- 节省成本。比如，石油巨头雪佛龙（Chevron）通过其炼油厂的能源使用管理人员之间分享最佳实践经验，在1991年至1999年节省费用超过6.5亿美元；德州仪器公司则通过在其13个半导体工厂间推广最佳实践经验节省了10亿多美元，这相当于德州仪器公司节省了重建一个全新工厂的费用。
- 增强竞争优势。比如，一个消费品公司通过建立正式的知识管理系统，能够比其竞争对手更迅速、更便宜、更高效、更创新地为客户提供产品。除此之外，专业服务公司安永（Ernst&Young）通过使用Powerpack的文件集成系统，收集了适用于特定行业的信息资料，使它们的咨询顾问能够更快捷地提交企划书，从而为公司赢得了更多的业务。

20世纪90年代中期以后，知识管理首先在美国，随后在西方其他各国企业中得到推广。知识管理的兴起有四点原因：

第一，20世纪90年代以后，信息技术在美国、日本、欧洲等工业发达国家发展迅猛，这为人们进行知识传递与知识交流提供了更加迅捷、方便的手段。

第二，20世纪80年代末、90年代初，美国经济出现了不景气。为此，美国企业采取了业务流程再造、结构重组等手段，进行了包括中间管理层在内的大规模的人员解雇。中间管理层的大量解雇，造成了严重的知识外流，对企业内部的沟通产生了负面作用。此外，专业人才的跳槽日益频繁，也加重了知识外流的损失。在这种情况下，美国企业开始普遍意识到保护知识、遏制知识流失的必要性和重要性，对知识资产的重视程度大幅度提高。

第三，20世纪90年代以后，信息化投资开始显现出明显的效果。信息技术不仅作为降低成本、提高效率的手段，而且还作为创造价值的手段，开始发挥重要作用。

第四，信息技术的发展一方面为人们提供了新的交流手段，另一方面也带来了信息泛滥的问题。很多企业建立了知识共享的平台，但太多的知识使人们不知道有价值的知识在哪里、如何找到有价值的知识，当然更谈不上如何将这些知识运用到工作中。这就有了对知识加以分类、整理和更新的必要，也就是说，有了对知识进行管理的必要。

2.2 知识管理发展及学派形成

2.2.1 知识管理的发展过程

20 世纪 60 年代初，彼得·德鲁克首先提出了知识工作者和知识管理的概念，指出我们正在进入知识社会，在这个社会中最基本的经济资源不再是资本、自然资源和劳动力，而应该是知识，在这个社会中知识工作者将发挥主要作用。20 世纪 80 年代以后，彼得·德鲁克继续发表了大量相关论文，对知识管理做出了开拓性的工作，提出"未来的典型企业以知识为基础，由各种各样的专家组成，这些专家根据来自同事、客户和上级的大量信息，自主决策和自我管理"。他在哈佛商业评论上发表的《新型组织的出现》论文中基于 20 世纪的经济和社会发展主要依赖于产业工人劳动生产率的极大提高这一事实，指出 21 世纪最大的管理挑战是如何提高知识工人的劳动生产率。他的著作对广大管理人员理解、认识知识经济，接受知识管理以及现代知识管理的研究和实践都产生了深刻的影响。

20 世纪 80 年代末，知识管理这个术语开始普及。1989 年，美国召开了知识资产管理研究会。同年，在欧洲开始启动国际知识管理网络。到了 90 年代初期，美国一些先进的咨询公司开始在公司内部开展知识管理活动，美国、日本、欧洲的一些先进企业也开始有选择地推进知识管理。这个时期，美国学者彼得·圣吉出版了《第五项修炼》（*The Fifth Discipline*），提出了学习型组织的概念。

1990 年，哈默和普拉哈德发表了有关企业核心能力的一系列论文，提出员工的技巧、经验等知识构成企业核心能力的观点，并指出企业竞争力在于创造核心能力。20 世纪 90 年代中后期，美国波士顿大学信息系统教授托马斯·H·达文波特在知识管理的工程实践和知识管理系统方面做出了开创性的工作，提出了知识管理的两阶段论和知识管理模型，是指导知识管理实践的主要理论。1991 年，日本管理学教授野中郁次郎博士发表论文《知识创新型企业》，针对西方管理人员和组织理论家片面强调技术管理而忽视隐含知识的观点提出了一些质疑，系统论述了隐性知识与显性知识之间的区别，揭示了日本企业利用员工隐性知识进行产品开发的过程，提供了利用知识创新的有效途径，给美国企业带来很大的震动。野中郁次郎在其论文中提出的著名知识创造转化模型——SECI 模型，已经成为知识管理研究的经典基础理论。

21 世纪初，瑞典企业家与企业分析家卡尔·爱立克·斯威比博士将对知识管理的理论研究引向了与实践活动紧密结合并相互比照的道路。他从企业管理的具体实践中体会到隐性知识的重要作用，并指出了个人知识的不可替代性。斯威比总结了知识型企业所共有的特点和成功的十个要素。以十个成功要素理论为核心的斯威比理论和方法，着重帮助企业家有效地认识和管理核心资产——无形资产，从而创造更大的价值，经营知识经济时代的成功企业。斯威比相信学习的过程首先是个实践的过程，有效的实践离不开有效的工具，因此，他本人以及合作伙伴设计开发了多种基于斯威比知识管理理论的学习和实践工具。但不足之处在于，其理论基点是过程论的知识，认为知识不能被管理，不重视技术手段在知识管理中的重要作用。

2.2.2 知识管理的定义

对知识管理的认识有多种，并没有一个被大家广泛认可的定义。早期关于知识管理的定义研究特别活跃，每个学者都试图从自己的理解中抽象一个定义，来表达自己的理论认识。比较典型的定义有：

巴斯（Bassi）认为，知识管理是指为了增强组织的绩效而创造、获取和使用知识的过程。

奎达斯（Quitas）则将知识管理看做“是一个管理各种知识的连续过程，以满足现在和将来出现的各种需要，确定和探索现有和获得的知识资产，开发新的机会”。

法拉普罗（Carl Frappuolo）指出：“知识管理就是运用集体的智慧提高应变和创造能力。”他还认为知识管理应有四种功能：外部化，从外部获取知识并按一定分类进行组织；内部化，指知识的转移，即从外部知识库中筛选、提取人们想得到的与特定用户有关的知识；中介化，指为知识寻找者找到知识的最佳来源；认知化，将以上三种功能获得的知识加以应用的过程。

达文波特教授（Davenport）指出："知识管理真正的显著方面分为两个重要类别：知识的创造和知识的利用。"

美国生产力和质量中心（APQC）认为知识管理应该是组织有意识采取的战略，它保证能够在最需要的时间内将最需要的知识传送给最需要的人。这样可以帮助人们共享信息，并进而通过不同的方式付诸实践，最终达到提高组织业绩的目的。

国内媒体比较一致的认识是，知识管理就是对一个企业集体的知识与技能进行捕获，然后将这些知识与技能分布到能够帮助企业实现最大产出的任何地方的过程。知识管理的目标就是力图能够将最恰当的知识在最恰当的时间传递给最恰当的人，以便使他们能够做出最好的决策。

2.2.3 知识管理的学派

从应用的角度对知识管理进行系统研究与开发始于 20 世纪 70 年代末、80 年代初，Doug Engelbart 在 1978 年引入能够连接其他应用软件和系统的超文本/群件应用系统，后来出现了 Rob Acksyn 和 Don McCracken 的知识管理系统（Knowledge Management System，KMS）——一种开放的分布式超媒体工具。20 世纪 80 年代初，出现了依赖于人工智能和专家系统的管理知识的系统，同时还出现了诸如"知识获取"、"知识工程"、"以知识为基础的系统"和"基于计算机的存在论"等观点。20 世纪 80 年代中期，尽管古典经济学理论忽略了知识作为资产的价值，而且多数组织缺乏管理知识的战略和方法，但是知识作为竞争性资产的重要性已显而易见。

到了 20 世纪 80 年代末、90 年代初，有许多知识管理的项目开始实施，一个美国企业社团在 1989 年启动了"管理知识资产"的项目，有关知识管理的论文开始在《斯隆管理评论》、《组织科学》、《哈佛商业评论》以及其他著名刊物上出现，关于组织学习和知识管理的第一批专著也开始出版，如彼得·圣吉的《第五项修炼》。到 1990 年，许多管理咨询公司开始了企业内部的知识管理项目，而且一些著名的美国、欧洲和日本企业建立了重点知识管理项目。1991 年，《幸福》杂志的编辑 Stewart Thomas A 以敏锐的历史洞见在其经典性论文《知识资本：如何成为美国最有价值的资产》中提出了知识资本的概念，指出知识资本已经成为美国最重要的资产，进而在 1994 年又进一步论证知识资本是企业最有价值的资产。Stewart 将长期以来被大家忽视的知识资本及其重要性揭示出来，认为知识资本是你无法触摸到的，但却是能使你富有的东西；员工的技能和知识、顾客忠诚以及公司的组织文化、制度和运作中所包含的集体知识都体现着知识资本。

此后，关于知识管理的研究逐渐走向深入，出现了一些专业的权威人士，如托马斯·达文波特、劳伦斯·普鲁萨克、野中郁次郎等，而且知识管理已经不仅仅局限于理论上的探讨，开始进入实用化阶段。知识管理进入畅销书行列，可能拥有读者量最大的知识管理著作就是野中郁次郎和竹内广隆的《创造知识的公司：日本企业如何建立创新动力学》。

迄今为止，国内有专家对国外学者们的知识管理研究做了前期探索性的归纳，将理论流派大致分为三个，即行为学派、技术学派和综合学派。在当今社会提倡创新发展的多元化时代，应当尝试性地将上述较为笼统的综合学派按照社会功能的不同进行区分，进而明确地细分为两个学派，即经济学派和战略学派。由此，知识管理的理论就有了行为学派、技术学派、经济学派和战略学派四大门派。

1. 行为学派

一般而言，行为学派的知识管理（包括理论研究和实践活动两个方面）主要侧重关注发挥人的能动性，关注对人类个体的技能或行为的评估、改变或是改进过程，热衷于对个体能力的学习、管理和组织方面进行研究，认为知识等于过程，是一个对不断改变着的技能的一系列复杂的、动态的安排。该学派主要代表人物斯威比博士把知识定义成一种行动的能力，即强调知识是动态的，甚至明确提出“知识不能被管理”，“不利用信息技术也可以实施成功的知识管理”等。

与此同时，该学派的另一个主要代表人物、日本管理学教授野中郁次郎博士则强调了隐性知识的重要性。他指出“知识创新并不是简单地处理客观信息，而是发掘员工头脑中潜在的想法、直觉和灵感，并综合起来加以运用”，野中郁次郎还针对西方管理人员和组织理论家提出了一些质疑，并提出了知识创新的共享环境即“场”的概念。这些都是非常典型的关注发挥人的能动性的真实思想写照。

这方面的例子不胜枚举，其主要例子还包括古代中国传统意义上的师徒相授方法等。可以说，由该学派的思路拓展，揭示了知识秘密，指明了知识方法。

2. 技术学派

技术学派的知识管理主要侧重关注借助技术的效率，关注信息管理系统、人工智能、重组和群件等设计和构建，认为知识是一种企业资源，是一种物质对象，并可以在信息系统中被标识和处理，即可以被管理和控制。上述观点主要发源于美国的信息技术的快速发展。托马斯·H·达文波特认为，知识是结构性经验、价值观念、关系信息以及专家见识的流动组合。知识为评估和吸纳新的经验和信息提供了一种框架。知识产生并运用于知者的大脑里。但在组织机构里，知识往往不仅存在于文件或数据库中，也根植于组织机构的日常工作、程序、惯例及规范中，可以通过计算机和网络进行编码、存储和传播。“数据–信息–知识”的递进概念，使得知识管理与信息管理紧密相关，信息技术在其中起到了很大的作用。其典型做法如曾一度盛行于美国的泰勒主义的知识管理方法和实践活动(以信息技术为主的知识管理项目)。诚然，在当今社会中，有关行业尤其是高技术企业若果真离开了信息技术的帮助，其工作效率将会大打折扣。

该学派主要代表人物是美国波士顿大学信息系统管理学教授托马斯·H·达文波特。基于他所提出的再造的学术思想，他在知识管理的工程实践和知识管理系统方面做出了开创性的工作，他所提出的知识管理两阶段论和知识管理模型，是指导知识管理实践的主要理论。另外，托马斯·H·达文波特的再造思想，就是要利用信息技术来摧毁旧式官僚体制和流于书面形式的管理体制。可以说，由该学派的思路拓展，冲击了知识垄断，减轻了知识障碍。

3. 经济学派

经济学派的知识管理主要侧重关注求得经济的效益，即如何更好地取得优势利益。经济学派在美国主要由技术学派的部分学者，从侧重关注技术层面开始转向侧重关注资源经济演化而来，并最终有别于技术学派的基本观点而发展。其重要特点是结合了行为学派的部分观点，如隐含知识的观点和隐含知识可以部分地向外显知识转化的观点。

该学派认为，知识管理其实只是观察商业世界的一种方式。它帮助认识谁和什么是公司真正的资源。正如企业的设备、机器、资金和人力资源一样，企业的知识资产也同样需要管理以取得最大的投资回报。基于知识的企业理论作为其中的一个分支流派，近年来受到越来越多的关注。哈佛大学的学者们认为，当前的企业管理已经进入第六个阶段，即全球化和知识化阶段。在这个阶段，持续成长成为管理的目标，知识管理成为管理的主题。无论是在软件、网络这样的智力密集型行业，还是在钢铁、石油这样的资本密集型行业，知识的创造、传播、共享和利用，都是企业保持持续竞争优势的关键，许多著名的大公司都已经设立了 CKO 的职位。基于知识的企业理论认为，知识的传递和转化能够为企业创造出卓越的价值，是企业持续竞争优势的来源。该学派主要代表人物仍是达文波特，他在 1998 年曾指出:“知识管理真正的显著方面分为两个重要类别——知识的创造和知识的利用”。

该学派另一个主要代表人物是托马斯 • A • 斯图尔特，他在自己所写的《“软”资产》一书中提出：在企业所拥有的所有资产中，最重要的是“软”资产，例如技能、能力、专业经验、文化、忠诚等，这些都是知识资产（智力资本），它们决定着企业是否能够获得成功。可以说，由该学派的思路拓展，营造了知识经济，认清了知识财富。

4. 战略学派

战略学派的知识管理主要侧重关注不同的组织面向不同的战略性目标。战略性目标可以包括直接经济目标，但决不局限于单纯的直接经济目标。与经济学派相比，战略学派的视野更宽、思路更广，或者可以说，经济学派也只是战略学派其中一个重要分支而已。比如，一个组织的战略性目标是主要围绕着如何发展核心能力（或称核心竞争力）。这就要求一个组织不仅要关注资源经济，更要关注可持续发展能力，比如关心人的能动性，关心诸如如何创造（与竞争对手相比）更优异环境来吸引人才、培养人才以及更有效地进行内部吸收、转化和共享隐含知识等问题。战略学派主要是由战略管理的理论研究出发，有机结合了行为学派和技术学派的部分观点（如应用信息技术、注重发挥人的能动性），并在不断改进管理和有效指导具体的实践活动的基础上发展而来。

初步归纳起来，目前战略学派的知识管理研究文献丰富，其思考问题的角度也比较宽泛。一方面，广义地说，战略研究一直围绕寻求与维持竞争优势这一核心概念。20 世纪 80 年代中期以来，不论是原本出自什么学派，它们都具有十分关心战略管理的方面，它们对战略管理的研究和争论基本上是围绕这一核心问题展开的，其中，基于能力的战略和战略联盟是两股主要研究潮流。另一方面，战略研究注意到了某些理论上的缺陷（比如，以往思维方式的线性化而非立体化，既忽视人的能动性，也忽视对环境变化的混沌性和不可预见性等）；也进一步要求对知识管理追根溯源，探究知识管理的终极目的（知识创新是知识管理的最终目的）。可以说，由该学派的思路拓展，启迪了知识战略，增强了知识决策。

该学派的代表人物众多，难分主次。由于该学派能用系统、全面的观点实施知识管理，成为近几年来知识管理发展的主流。比如，企业战略联盟最早起源于日本企业界的合资浪潮。一些日本企业在寻找合资伙伴时，发现也可以只购买先进的技术，这便是战略联盟的雏形。战略联盟的概念虽然起源于日本，却首先在美国企业界盛行。20 世纪 90 年代以来，美国国内及跨国性质的战略联盟，每年以 25%的增长率快速发展。“战略联盟”这一概念，也由美国 DEC 公司总裁简・霍普兰德和管理学家罗杰・奈格尔最早提出。

在理论研究上，企业战略联盟的代表人物为数不少。20 世纪 80 年代中期，沃纳菲尔特、格兰特、巴尔奈等学者的研究促成了战略管理理论的新流派——资源基础理论的产生。这一理论认为资源不仅指有形资产，而且还包括无形资产，有形资产和无形资产共同构成企业的潜在能力。同时，各企业的资源具有极大的差异性，也不能完全自由流动。企业的可持续竞争优势就来源于选择性资源的积累和配置以及要素市场的不完善。战略联盟使企业资源运筹的范围从企业内部扩展到外部，在更大范围内促进资源的合理配置，从而带来资源的节约并提高其使用效率。此外，知识联盟方面的代表人物也为数不少。帕维特、纳尔森、福斯和格兰特等人提出的企业知识理论认为，生产的关键投入和企业价值最重要的来源是知识，社会生产是在知识的引导下进行的。企业知识可被分为外显知识和隐含知识两大类。企业拥有的许多知识属隐含知识，难以表达，难以转移，只有通过应用和实践才可外现并获得。以进行知识转移和共同创建新知识为目的结盟通常被称为知识联盟。英克朋把通过知识联盟转移的知识称为“联盟知识”。通过战略联盟和对方建立合作关系是获取隐含知识的良好途径。

博格、顿肯和佛里德曼的研究表明：20 世纪 80 年代初期，50%的联盟企业在合作过程中是为了获取对方的知识，因此将这类为了转移和学习知识的联盟称为“知识联盟”。

2.3 知识管理的主要理论

2.3.1 知识管理两阶段论

20世纪末，知识管理已非常“流行”，企业不断推出各种知识管理解决方案，包括IBM及微软等著名公司在内的几乎所有IT企业都在推销自己的知识管理理念及技术与产品，而“知识经理（知识主管）”也成为一种非常正式的职位，许多公司都在正式的杂志上刊登招聘知识经理的广告，而且这种需求将会越来越多，就业前景非常好。这样看来，知识管理会一直“存在”下去。那么知识管理的前景或说其下一步的发展会怎样呢，其价值又如何呢？达文波特教授提出了“知识管理两阶段论”。

第一个阶段：企业像管理其有形资产一样来对其知识资产进行管理——获取资产并将其“存放”在易于获取的地方。对有形资产而言，存放地点是“仓库”，相应地存放知识资产需要有“知识库”。达文波特教授指出，现在很多企业不是没有知识库，而是知识库太“拥挤”、“繁杂”。他举例说，有一个公司有3600多种数据库和许多其他“知识目标”。这样多的“知识”导致其需求者很难在短时间内立刻找到其所需的知识。当企业仓库里的有形资产太多时，他们会开始考虑供应链管理或根据实际需要尽可能地减少库存。而企业对知识库的管理肯定也需要相应的“供应链管理”。

第二个阶段：当企业意识到自己的知识库里的“知识资产”太“拥挤”时，企业应该怎么办？达文波特认为要解决这个问题，必须要考虑知识工作业务本身的改进与提高。如果我们希望能够使知识的供需实现基本平衡，首先需要考虑到底知识工人是怎样做工作的。比如，如果我们的目标是为了提高组织里新产品开发过程的绩效并做到在最适合的切入点将知识非常好地融入产品当中，就应该考虑让开发者、工程师和市场人员等参与此过程的人尽可能地掌握其所学习到的知识、并与其他新产品开发团体共享，从而做到更有效地利用来自组织内外部的知识，以尽可能地避免或少犯错误、达到较好的市场效果。

达文波特认为，在知识管理的第一个阶段应该建立 Web 网站或 Notes 系统等支持的市场信息库，并能方便地提供给开发者使用。因此，第一个阶段可以称为“新产品开发门户”；而第二个阶段里的问题是：开发新产品的人员可能已经有了自己的分工，很难要求他们在接手一项非常重要的任务之前花费专门的时间去记忆或搜索相关的经验或知识。相反，知识管理必须融入贯穿工作的始终，并成为整个工作不可分割的一部分。这样，当需要知识时，从外部导入知识；而当知识被创造或获取时，又可以及时地将其导出给组织的其他部门。比较微妙的一点是，知识工作者往往不喜欢让别人告诉自己怎样完成他们的工作，自治权是许多知识工作者的一项重要权利。这也是他们为什么努力地争取成为一名知识工作者的原因之一。因此，与企业业务流程重组不同，在进行知识工作的再设计时，那种传统的自上而下的重组并不适合，不会取得理想的效果。

2.3.2　野中郁次郎的知识转化理论

野中郁次郎将知识划分为显性知识和隐性知识两种类型。隐性知识是指主观的、难以用语言和形式表达的知识，显性知识则是指可以用语言表达的客观的知识。显性知识与隐性知识之间可以相互转化（见图 2.1）。

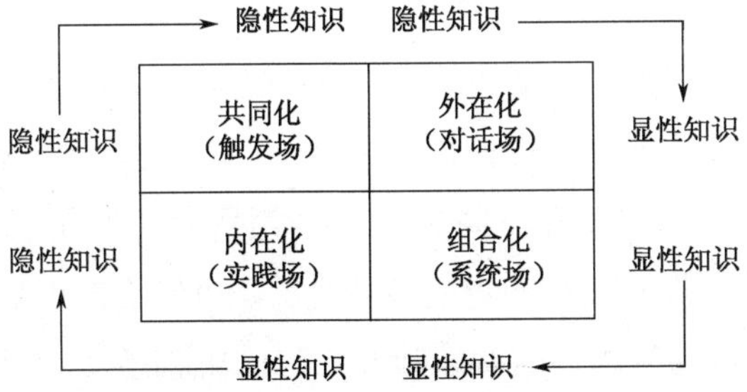

图 2.1　野中郁次郎的知识转化理论

共同化是指通过共享经验创造隐性知识，以及获取他人的隐性知识的过程。外在化是指通过对话以及共同思考，将隐性知识用明确的概念表达出来，成为显性知识的过程。组合化是指对不同的显性知识加以组合，由此产生新的显性知识的过程。内在化是指通过学习将显性知识转化为个人知识的过程。这四种形式的知识转化都将带来知识创新。

在知识创新过程中，外在化和内在化是最关键的两个步骤。因为外在化可以使属于个人的知识为他人共享，成为组织的知识，而内在化则可以使显性知识体化到每个员工，从而提高整个组织的知识储备。

野中郁次郎于1999年又提出了“场理论”，进一步充实了知识转化理论。“场理论”认为，知识是通过人与人之间的相互作用，以及人与环境之间的相互作用而产生的。他把人与人之间发生关系并产生相互作用，以及人与环境之间发生关系并产生相互作用的环境、条件、场所以及机构总称为“场”。把产生共同化过程的环境称为触发场，把产生外在化过程的环境称为对话场，把产生组合化过程的环境称为系统场，把产生内在化过程的环境称为实践场。“场”对知识转化以及知识创新具有重要作用。“场理论”建立在人与人之间的“面对面”的交流的基础上，认为计算机网络技术只能产生显性知识到显性知识的转化，而不产生隐性知识到隐性知识的转化。但是，实践中，借助计算机网络技术，人们也可以进行面对面的沟通，因此，也可能实现隐性知识到隐性知识的转化，以及创造新知识。

2.3.3 知识市场理论

知识市场是达文波特和布鲁塞克在《Working Knowledge》中提出的一个概念。知识市场是指在企业内部进行知识交换、知识传递、知识积累、知识创造的机构。知识市场由知识创造者（卖方）、知识消费者（买方）以及信息组成。根据人与知识的联系，以及进行知识交换的手段，可以将知识市场分成四个模式。

第一种模式：人与人通过面对面的方式进行知识交换。在这种模式的知识市场上进行交换、流通的知识一般是隐性知识。这种模式的知识市场有正式会议、非正式会议、培训、学习班等。其优点是能够充分吸收和获取他人的隐性知识，但缺点是知识交换的成本较高（集中、时间成本），不适用于全国化、全球化的企业业务活动。

第二种模式：人与人通过计算机网络进行知识交换。具体地讲，是指通过企业内部网等计算机网络技术手段共享知识的模式。在这种模式的知识市场上进行交换、流通的知识一般也是隐性知识。在这种模式的知识市场既可以进行一对一的知识交换，也可以进行由多数人参与的知识交换（如电子社区）。虚拟团队、实践社区、专家网络等都是建立在这种模式的知识市场之上。此种模式的知识市场有电子邮件系统、电视会议系统、电子会议室、Voicemail 等。其优点是不受物理的时空限制而有利于在全球范围内共享隐性知识，在全球范围内获取隐性知识的成本低；另外，这种模式的知识交换比较适用于如弹性工作制度、居家工作等借助计算机网络技术、非面对面的新的工作方式。其缺点是不能充分吸收他人的隐性知识，从而导致在交流中有可能遗漏较多的隐性知识。

第三种模式：人们借助计算机网络技术自主地进行知识交换。具体地讲，是指人们借助数据库、内部网等手段存储、检索和运用知识的模式。此种模式的知识市场上进行交换的知识既有显性知识，又有隐性知识，涉及的知识市场有数据库、主页、各种检索软件、各种解析软件、具有自动更新和通知机能的软件、知识地图等。例如，利用数据库和各种软件，可以把隐性知识显性化（外在化），也可以组合不同的显性知识（组合化），还可以从学习中得到启示（内在化）。这种模式的知识交换（知识共享和知识创新）具有超越时空限制，知识交换成本低的优点，但参与交换的人会缺乏安全感，无法确认对方的身份、动机，也对贡献的知识能否得到保护有所担忧。

第四种模式：人们采取面对面的方式自主地进行知识交换。这是一种传统的知识交换模式。此种模式的知识市场上交换的知识既有显性知识，又有隐性知识，涉及的知识市场有图书馆、知识咨询机构、传统的文件管理库等。它的优点是知识交换很安全，缺点是无法实现完全的知识共享（由于资料有限），以及获取知识的时间成本高。野中郁次郎的知识转化理论认为，在计算机网络上只产生显性知识到显性知识的转换（组合化）。但是，实践中，通过计算机网络，不仅能够促使显性知识到显性知识的转换，也能够促使隐性知识到隐性知识的转换。这是知识市场理论与野中郁次郎的知识转化理论的不同之外。

知识市场理论认为，在不同模式的知识市场上产生不同形式的知识转化。在第一种模式的知识市场上，产生隐性知识到隐性知识的转换，而且隐性知识到隐性知识的转换程度较深，这个过程被称为深度共同化过程。在第二种模式的知识市场上，也产生隐性知识到隐性知识的转化，但由于不是基于面对面的方式，因此其程度不如第一种转化模式深，被称为超越时空的共同化过程。在第三种模式的知识市场上，产生三种形式的知识转换，即显性知识到显性知识的转换（组合化）、显性知识到隐性知识的转换（内在化），以及隐性知识到显性知识的转换（外在化）。其特点是超越时空限制，外在化的过程是自动的（软件自动地用数据进行分析，变成显性知识）。在第四种模式的知识市场上，也产生与第三种知识市场相同的三种知识转换：组合化、内在化、外在化，但其不能超越时空限制，外在化的过程也不是自动的。

除了不同模式的知识市场内部产生不同形式的知识转化外，在不同模式的知识市场之间也可以发生知识互相转化。比如，当人们通过面对面的方式（会议）产生了共同的隐性知识后，把它整理成文字（如文件、论文、书籍），就可以使隐性知识变成显性知识（外在化）。如果再将它录入计算机网络上的资料库，通过互联网使它得到传播，就可以扩大知识共享的范围。如果通过电子会议室等技术手段进行进一步的交流，就可能获得新的隐性知识（内在化）。最后，如果这些平时只在电子会议室上进行讨论的人能够聚在一起面对面讨论，就可能加深相互之间的理解，产生更深的、共同的隐性知识。

2.3.4 知识型企业成功十要素

21 世纪初，瑞典卡尔·爱立克·斯威比博士总结了知识型企业所共有的特点，归纳出“成功十要素”。这十个成功要素分别为：日常领导，质量和质量控制，尊重知识，将专业和管理知识相结合，有力和明确的企业文化，专注于关键知识，知识储备，人才开发，更换关键人物，稳定的企业结构。

1. 日常领导

领导的角色并不容易担当。尤其在知识型企业中，领导经常要承担两个领域的工作：一方面是管理和经营责任，另一方面是保持在专业领域内的发展。只有这样才可以在专业领域范围内保持权威的地位，得到其他专业人员的尊重。怎样化解双重压力取决于领导者的个性、管理阶层中其他成员的情况、他们之间的关系还有公司的历史。运行良好的组织结构各有不同，而且在一个企业内部也经常变动。组织中需要做的大量工作是，将企业中不同个性的员工进行合理的组合，以及解决企业发展中出现的意外事件，而不是追求建立所谓的“理想结构”。

领导专业人员的工作和管理下属的工作是截然不同的。专业小组的领导人几乎总是最富有经验的人，而且本身就是专业人员。他的角色是受人尊重的“老前辈”。他所具有的专业知识和能力可以激励整个小组，以自己的能力树立领导威望。非专业的领导，很难有效领导专业人员。

领导的主要任务之一是建立一种宽容的环境，容纳大量不同类型的人。对管理人员而言，一些优秀的、有能力的员工同时也是最难驾驭的人，在知识型企业中尤其如此。不拘小节的人物中有伟大的天才，这些天才使知识型企业能够在市场竞争中胜出。如果领导要过平静的日子，并有意避免雇用“惹是生非”的天才专业人员，他们的企业将在短期内悄悄地终结。

领导必须有权力，尽管他们不应该经常使用它。他们应该采用充满智慧的令人信服的手段去控制会议，而不能以权威或地位去控制会议。他们的权力必须真正来自理智，来自被他们领导的人的支持，而不是所谓的“命令”。在专业组织中，信息是权力的工具，这里的“信息”并非指正式的书面信息，而是指经常出现在公司内部的非正式的、偶尔的、微小的不满或喜悦等信息。要获得这些信息，领导必须建立自己的信息收集系统。对企业内部的这种“体察”非常重要，因为任何企业都不可能实行外部领导。

2. 质量和质量控制

每个企业或公司都希望以产品和服务质量来赢得客户尊重。知识型企业可能要花费相当长的时间以保证质量。成功的企业有严格的质量控制系统，但也常常会因为如何测试质量而伤脑筋。知识型企业内，单独的员工如财务顾问、审计员或律师等无法有效控制自己工作的质量，传统的质量保证方法只能在事后进行结果测量，无法解决一些知识型任务的质量评价，比如审计师的工作质量。专业组织的质量控制方法，或者任命一个内部人员（一个高级顾问或者自愿的专业人员）进行质量控制，或者采用内部讨论法，互相批评，互找问题，以确保工作质量，或者定期进行客户调查和质量评价。

3. 尊重知识

知识型企业对知识采取尊崇的态度，专业人员的知识水平决定了做事的权力大小，决定了内部人员的排序。同时，企业也花费大量时间和经费用于内部培训教育，构建正规的教育系统，如内部学校或者高等学校，并且允许专业人员带薪暂时停止工作开展研究性工作，甚至著书立说。

4. 将专业和管理知识相结合

如何将专业和管理这两种截然不同的知识结合起来，寻求两者的平衡，达到把一个知识型企业变成专业组织的目的是非常重要的。在知识型企业中，最常发生的问题是管理水平和专业技术水平不相匹配，而“知识管理”是解决两种知识融合和平衡问题的崭新领域。

5. 有力和明确的企业文化

成功的知识型企业支持并培养自己企业的文化，管理人员对自己企业的文化感到骄傲。而建构自己的企业文化，要从回答以下问题开始：“我们是谁？”“我们想要什么？”“我们的核心知识是什么？”“我们独一无二的特点是什么？”

作为一种独特的管理概念和管理工具，企业文化始于20世纪80年代，但迄今为止它尚未对一般管理产生真正的影响。企业文化经常是在知识型企业创立的早期阶段建立起来的，以后会在一段较长的时期内保持稳定。企业文化的巨大优势是它可以当成一个定势来利用，就像十诫中所说的：这是我们怎样去做的，这是我们不可以做的，这是我们在此的工作方式。一个有效的、良好的企业文化可以让企业主管在管理方面适当放手。当大家懂得服从基本企业文化准则时，就可以保证他们的行为与企业的要求不会有太多的偏差。

6. 专注于关键知识

企业不可能拥有太多种类的专业知识。20世纪70年代末期，西方大部分国家的企业曾从多样化投资中撤出，原因之一就是因为多种专业并举效率太低。将企业力量集中于有明显竞争优势的关键知识上，已经成为许多老企业的共识。因此，必须集中力量找出正确的目标，也就是找到企业的关键知识，这也是知识型企业知识管理的难题之一。

7. 知识储备

积累起来的知识是专业组织中最重要的财产。因为知识都存在于个人的头脑中，所以这种容易流动的财富如能保证不离开企业，对企业长期生存极为重要。

成功的知识型企业已经发展出各种留住关键人物的方法，其中最重要的方法是给予他们一部分所有权，或者是正式地体现在股份中，或者是间接地选择方式，也有可变换的借贷方式，大部分知识型企业采用利润分享的方法。

8. 人才开发

由于知识型企业唯一有价值的财富是人，发展知识型企业的唯一方法就是发展人才。也可以说，专业组织的管理行为可以浓缩为一点，就是招募和开发人才。

9. 更换关键人物

知识型企业最艰巨的任务是更换关键人物，并且在更换关键人物时不能危及整个组织。知识型企业的关键人物有两类：领导、高级专业人员。

（1）更换领导

更换领导涉及的问题远不只失去一个最有价值的雇员那么简单。企业的领导是具有企业经营思想的领导，更换领导可能意味着改变企业经营思想本身；领导建立组织，得到组织的信任。这种组织关系的存在与发展在很大程度上都依赖于这些领导与同事之间的个人关系，更换领导可能会割裂领导和雇员之间建立的非正式沟通渠道；不论专业人员、管理人员和经理人员的水平多高，他们都有安全需要，而领导是安全系统的关键组成部分，更换领导意味着安全系统的分解。

此外，领导已经建立和积累起大量的关于怎样做、做什么、由谁来做等内容的重要知识（一种重要的隐性知识）；他们要么承担着重大责任，要么在与重要客户的联络过程中扮演着关键角色。更换领导经常会使企业效益承受风险。

领导也会犯错误，犯错误会表现出两个重要的特点：一是造成损失，二是接受教训。当企业更换领导，由犯错误带来的经验教训也同时失去。以前犯过的错误可能会再次出现。

知识型企业应该如何处理这个问题呢？在领导的更换过程中有两个重要的内容：第一，领导必须可有可无。一个知识型企业的领导在一生当中最困难也是最富有争议的阶段，是他担当领导的最后阶段。在这个最后阶段，他须成功地让企业独立于领导者个人。一个成功的领导人曾经说过："当一个人去工作时，他应该有这样一种态度，把这一天当成他工作的最后一天去对待。"意思是，如果万一他离开了这个世界，他的企业仍然可以继续下去。第二，认识到转换是一个机会。知识型企业没有货币资本重负，不会像制造业一样在转换生产过程中遇到很多复杂和难以解决的问题，但他们会遇到更多的关于人的问题，这些问题有时更大、更难以解决。在知识组织中更换领导人常被看成机遇而非威胁。专业组织的领导或企业创建人的更替是最大的机遇，它为年轻的潜在的领导人或创业人士提供了机会。每隔一段时间更换一次领导人，可避免企业萎缩停滞，这对企业至关重要。

（2）更换关键专业人员

更换领导的内容，同样也适合更换关键专业人员。企业的生存能力相当于老一代将知识传授给新一代，从最有经验者传授给经验较少者。一位老资格的、富有经验的关键专业人员，在还没有将经验传授给别人之前就突然离开，会给公司造成严重问题。

领导和关键专业人员是企业中大部分知识资本的存储器。最高层的领导必须找到一个方法让这些知识能够“克隆”给新一代，这样当企业更换领导和关键专业人员时，不至于面临严重的困难。

10. 稳定的企业结构

知识型企业只是在表面上看起来缺乏结构和实质内容，实际上与制造业的企业相比，他们尽管缺少物质性财产的有关内容，但是却拥有丰富的、看不见的脑力劳动产品。这些脑力劳动产品也需要物化，从而为知识型企业提供一致性和稳定性。专业组织的非正式结构是表面上看不见，但却发挥着强有力作用的企业文化，建立这种非正式结构的方法常常是个性化的，每个企业都不相同。

第3章　知识协同理论

知识协同的出现，与社会经济发展、科技进步、市场需求以及一些先进理论的发展密切相关。知识经济时代的主要特征是全球化、网络化和知识化，特别是网络化和知识化的发展，促使现代企业在产品设计、生产管理、供应链管理、客户关系管理、电子政务和信息技术等诸多领域都呈现协同化发展趋势。人们发现，在这些领域的协同化过程中，存在着密集的知识协作和知识创新，尤其在知识型组织及其协作过程中，许多的业务协同本质上都是以知识为载体的协作，是知识流的不断运动、碰撞，并伴随着新的知识成果的产生。对于这些现象的注意、观察、研究，导致知识管理的新领域——知识协同的形成和发展。

知识管理和协同学等理论的发展为知识协同研究提供了思想、理论与方法基础，信息技术和网络技术的发展为知识协同提供了技术与平台支撑，而社会、经济和市场的发展是知识协同发展的主要推动力。在梳理知识管理理论的基础上，本章探讨了知识协同的基础理论、知识协同的概念及其特性、知识协同绩效评价等方面的内容，从而为知识协同研究奠定理论基础。

3.1　知识协同研究综述

3.1.1　知识协同概念的提出

Anklam 是一个有着 15 年以上从业经验的知识管理专家，较早注意到了“知识协同”的萌芽，指出知识协同是知识管理的发展趋势，是以协同、协作、共享和合作创新为主题，通过实践社区、学习社区、兴趣社区、目的社区等进行知识的协同和交互，由此认为知识管理的协同化发展就是知识协同，提出了第三代知识管理的概念（Anklam，2001）。Karlenzig（2002）最早将知识协同（Knowledge Collaboration）定义为一种组织战略方法，可以动态集结内部和外部系统、商业过程、技术和关系（社区、客户、伙伴、供应商），以最大化商业绩效。Leijen 和 Baets（2002） 从微观层面分析了知识协同行为，指出知识协同是一个知识请求者首先认识到自己没有能力解决某个问题，而另一个知识提供者恰好有这方面的能力，如果双方能够达成共识，则可以整合双方的知识，以弥补知识请求者的知识需求，达到解决问题的目的。Mckelvey 等（2003）则认为知识协同是一种“活动”，例如，协同开发、协同著作等；活动中参与成员努力进行个人的知识创造，并最终形成有价值的成果。Glogel（2006）等学者则认为知识协同是组织的一种能力，它能将合适的信息在合适的时间传递给合适的人。

国内学者陈昆玉和陈昆琼（2002）认为，企业通过整合组织的内外部知识资源，使组织学习、利用和创造知识的整体效益大于各独立组成部分总和的效应，它的目的在于获得“1+1＞2”的知识协同效应。樊治平（2007）认为，知识协同是以知识创新为目标，由多个拥有知识资源的行为主体（组织、团队、个人）协同参与的知识活动过程，是组织优化整合知识资源的管理模式和战略手段。佟泽华（2012）在综合上述知识协同定义的基础上，指出知识协同是知识管理中主体、客体、环境等达到的一种在时间、空间上有效协同的状态，并实现在恰当的时间和空间，将恰当的信息和知识传递给恰当的目标或对象，实现知识创新的“单向”、“双向”或“多向”的多维动态过程，是知识管理的高级阶段。他还进一步总结了知识协同概念的核心：①知识协同包括四个要素，即知识主体（知识活动的参与成员，知识主体组成“空间”的概念）、知识客体（知识）、时间、环境（包括“软环境”如文化环境，以及“硬环境”如计算机环境等）；②知识协同强调知识传递的时间、对象、空间的“准确性”，即时间的准时性、传递目标（主体）的准确性、传递对象（客体）的准确性和准时性等；③知识协同强调“动态性”，即在不同的时刻知识的主体和客体所处的状态是不同的，随时间的变化而不断地发生改变；一般情况下，由于众多知识主体在“知识协同”活动中的不断参与和个人知识创造，“知识客体”的内容越来越丰富，价值也会越来越大。

3.1.2 知识协同的过程分析

国内外关于知识协同的认识存在一定的差异。在企业层面，有学者分别把知识协同定义为一种知识活动、组织能力或管理模式和战略手段；在产业或供应链层面，则界定为一种特殊的关系模式（杨利军，2011）。佟泽华（2012）剖析了知识协同的微观过程，并构建了知识协同的三维模式（见图 3.1）。

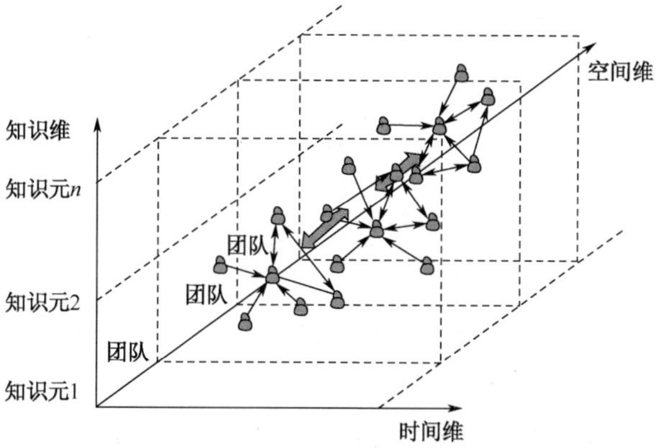

图 3.1　知识协同的三维模式

此外，曾德明、文小科等（2010）从供应链角度认为知识协同是企业之间基于供应合作关系的知识获取、转移、创造过程；王聪颖、管晓东等（2009）以集群环境为背景，讨论了知识协同“发现、创新、传播、观察、再发现等”的闭环过程；吴绍波等（2008）认为知识协同过程包括知识共享、知识转移、组织学习、学习创造等环节。综合各种知识协同的研究可以看出，学者们比较一致地认为知识协同是实现知识资源整合的过程，伴随着大量的知识流动。目前较多研究集中于知识协同过程的分析，如表 3.1 所示。

表 3.1　国内知识协同过程研究文献综述

作者	知识协同过程	备注
曾德明、文小科等（2010）	知识获取、转移、创造，实现新知识的生成和创新	供应链
王聪颖、管晓东等（2009）	发现、创新、传播、观察、再发现等的闭环过程	集群环境
佟泽华（2012）	包含知识协同需求、确定知识协同主题、知识协同活动、知识协同成果等几个过程	基于流程

续表

作者	知识协同过程	备注
施慧斌（2008）	知识协同过程模型表示为 4 元组：知识协同环境、知识协同活动（如关联、重构、整合、碰撞、交互、共享等）、知识流（包括知识的传递、转移、内化、外化等）、知识协同的目标	
吴绍波等（2008）	知识协同过程包括知识共享、知识转移、组织学习、知识创造	
王悦（2009）	知识协同的核心过程为知识获取、知识发现、知识处理、知识传播与共享、知识使用和创新	

综上所述，可以得出以下结论：

（1）知识创造是知识协同的目标。“协同”意味着新知识的产生，协同的目标是解决问题。因此，知识协同的目标明显异于传统的知识转化目标（共享、转移、内化、外化等）。

（2）知识转化是知识协同的有机构成。知识协同过程是“目标驱动下的、有意识的”一系列知识转移、共享、内化、外化过程，经过多种知识的碰撞，获得最终的新知识。

（3）知识协同是多种知识转化活动的动态集成。知识协同过程的知识搜寻、知识转移、知识创新等多种微观过程，有明确的目标指向性，强调时间效率，所以单位时间内的知识活动比较密集，是动态、集成的过程。

3.1.3 知识协同的技术基础

知识协同是人际知识活动中天然存在的一种协作状态或结果，因此并不特定地依赖于以计算机和通信技术为代表的现代信息技术。但是，协作过程中的知识传递必须依赖于一定的信息媒介，如文字、语言等，而现代信息技术的飞速发展为知识的传递带来了重要变化，从量变到质变地催生了信息管理、知识经济、网络经济、互联网商业、社会化媒体应用等诸多新型事物，知识协同也就从一种低调而自然的存在，发展成为今天人们研究和应用的焦点。

知识管理的技术学派特别重视现代信息通信技术对“知识协同”的支持。比如，Lanrie 等（2006）研究了知识协同的 IT 支持问题；Anklam（2002）指出知识协同的关键技术或工具包括在线知识库、知识门户、Web 会议系统、协同项目环境、个人信息交互和专业指引工具等；田锋（2003）等人从场景的角度分析了组织、成员、它们的知识和计算机支持的协同工作系统（Computer Supported Cooperative Work，CSCW）之间的关系和相互作用，提出一种基于角色的知识建模和管理的方法，最终实现了一个原型系统；刘黄玲子（2005）等指出，计算机支持的协作学习（CSCL）主要研究的是协同知识建构的过程以及支持该过程实现的工具设计问题，而实现协同知识建构的基础是共享、认证、协调、创新、反思和情感交流。战洪飞（2002）构建了基于网络的协同知识管理系统，为分散异地企业员工和客户的知识交流和共享提供了有力的平台；陈立华（2005）认为维基是一种全新的网络时代协同工作与知识共享的平台；苏震（2006）将协同这一概念引入知识创新领域，认为微博可以成为协同知识创新的平台。

由于知识协同中信息技术的深度应用所带来的显著变化，人们已经自然地把基于信息系统、网络技术的知识协作系统视为知识协同的必要组织部分。而且由于信息技术的快速发展，人们对知识协同技术基础的关注，已经从传统基于数据库、知识库的知识管理系统，转移到能够带来更多效益的 Web 2.0 应用，并且从维基、微博等开放、互动、互惠的社会化媒体应用和 Facebook 等典型企业案例中体会到了更多的知识协同效应，从而进一步鼓励了知识协同的研究和应用。

3.2　知识协同的理论基础

3.2.1　自组织系统

传统的知识管理理论基于“管控”视角，遵循自上而下的设计、部署和实施。知识协同之所以能够在 Web 2.0 技术支持下广泛实践，得益于其自下而上的管理理念、分散的管理模式、扁平化的组织结构和广泛的用户参与，本质上是一种系统自组织机制。自组织系统需要以“治理”而非“管理”的理念加以引导和经营。

1. 知识自组织

知识协同是知识系统演化的一种状态。研究表明，组成企业知识系统的要素——知识，具有类生物属性（和金生，李江，2008），企业知识系统是一个具有生息特征的活性系统，具有抗熵增机制，使该系统的有序度不断地得到提高，形成更高级的有序结构，跃迁进入新的稳定态。正如彭纪生等（2005）提到的，完善的知识型组织具有开放、非平衡、非线性、涨落性等特征， 因而它应是一个自组织系统。其中，“知识”是关键性因素，在竞争性环境中组织适应环境及进化所需要的知识是组织“熵减”，即走向更高层次的有序之源。

知识自组织的背景则是知识组织的“失能”（严娜等，2001）。知识组织是对显性知识的组织，而知识自组织则是针对隐性知识而言的；知识组织侧重对知识的加工，它可以表现为主题、分类、索引、文摘，而知识自组织则侧重对拥有知识的人的作用；知识组织注重现存的知识，知识自组织则面向未来；知识组织是由外在控制的、由上而下的过程，需要外界指令的控制（在此过程中，知识工作者带着事先确定的目的、被动地整序显性知识），而知识自组织的动力是内生的，是从下而上的过程（在此过程中，知识的演化、知识的创新与有序化自主地进行，它强调个人之间的对话，知识的共享是通过直接交流实现的）。

知识组织受工业时代线性和机械的组织理论所主导，讲究静态、精确与控制，而知识自组织则受现代系统科学理论的影响，讲究动态、模糊与变化。由知识组织到知识自组织，一方面反映了人类思维观念的变化，另一方面也反映了机械控制思想的失能。就信息管理与知识管理而言，这个问题表现得更加明显，信息混乱、知识膨胀、信息爆炸等的讨论以及互联网的现状，无不说明这个问题。

2. 自组织系统的三个核心特性

根据协同理论的主要内容，知识系统作为一个综合知识主体、知识客体，与时间、环境密切相关的系统，具有以下三个核心特性。

（1）协同效应。协同效应是指由于协同作用而产生的结果，是指复杂开放系统中大量子系统相互作用而产生的整体效应或集体效应。协同作用是系统有序结构形成的内驱力。任何复杂系统，当在外来能量的作用下或物质的聚集态达到某种临界值时，子系统之间就会产生协同作用。这种协同作用能使系统在临界点发生质变，产生协同效应，使系统从无序变为有序，从混沌中产生某种稳定结构。

知识系统具有足够的复杂性，在系统内外一定能量的作用下也会克服各个子系统无序混乱的状态，形成一种有序结构，产出增值的知识产品。

（2）伺服原理。伺服原理即快变量服从慢变量，序参量支配子系统行为。它从系统内部稳定因素和不稳定因素间的相互作用方面描述了系统的自组织过程，其实质在于规定了临界点上系统的简化原则——“快速衰减组态被迫跟随于缓慢增长的组态”，即系统在接近不稳定点或临界点时，系统的动力学和突现结构通常由少数几个集体变量即序参量决定，而系统其他变量的行为则由这些序参量支配或规定，正如协同学的创始人哈肯所说，序参量以“雪崩”之势席卷整个系统，掌握全局，主宰系统演化的整个过程。知识系统的协同状态，也同样受序参量的支配或规定，不同时期表现为不同序参量的掌握和主导。

（3）自组织。“自组织”是相对于他组织而言的。他组织是指组织指令和组织能力来自系统外部，而自组织则指系统在没有外部指令的条件下，其内部子系统之间能够按照某种规则自动形成一定的结构或功能，具有内在性和自生性特点。自组织原理解释了在一定的外部能量流、信息流和物质流输入的条件下，系统会通过大量子系统之间的协同作用而形成新的时间、空间或功能有序结构。知识系统具有一定的自组织特性，能够自主处理输入的外部能量、信息和物质流，在序参量支配下实现协同状态。

3. 知识自组织的实例分析——以“百度知道”为例

传统知识管理属于知识他组织，在实践的初期确实带来了显性知识的整理、传播和利用。每个实施知识管理的企业，都有类似的做法：确立明确的知识管理目标，建构一套知识管理的制度体系，建立一个员工共享的知识库，强调显性知识的存储和整理、员工自我知识的表达和共享，鼓励员工检索和利用知识库，当然也鼓励员工面对面地讨论和分享。但是，由于显性知识只是整体知识体系的很小部分，大量存在员工、客户、供应商和合作伙伴中的主观知识、隐性知识无法通过有效的形式实现显性化和一定范围的传播，因此知识管理的实践具有先天的局限性。当企业的知识库达到一定规模时，员工检索利用的效率会大大下降，形成所谓的“知识组织失能”。

维基百科、百度知道是Web 2.0时代的自组织知识系统（淡金华，赵捧未，2009；宋倩倩等，2010）。这些交流平台充分体现了自组织特征，本身成为一种典型的自组织系统。下面以“百度知道”为例进行自组织分析。

首先，百度知道是一个开放的系统。有的用户使用百度知道时，有其解决问题的目的，从百度知道得到知识的过程是知识的流出；有的用户由于自我兴趣或受激励措施影响，向系统主动提供自己知道的各种知识，是知识的流入过程。在这个过程中，流入的知识有的是经过外部化或组合化的显性知识，但更多的是隐性知识社会化过程。例如，在百度知道 > 美食/烹饪 > 面点的分类中，有人提问为什么我的糖三角总漏，该问题就涉及了经验的传授，属于隐性知识的社会化过程。

其次，系统必须远离平衡态。由于用户兴趣和行为特性的不同，系统内各个子系统经过用户自组织过程显性化的知识数量分布差异较大，呈现多样化、非均衡性，造成了系统中的非平衡状态。

再次，系统内部各要素之间的相互作用是非线性的。在百度知道系统中，用户的参与程度直接影响了知识自组织过程，系统根据用户贡献知识的程度设定了 18 个级别，随着用户解答问题的数量和正确性来确定积分，进一步确定等级。但就用户这个组成要素而言，不同的用户等级意味着对系统的贡献不同，提供答案的准确度不同。显而易见，一级用户和十八级用户的专业化程度就不同，对系统造成的影响自然不一样。其他的要素作用也存在类似的非线性作用，由于以前累积的问题数量不同，各个分类对于用户的吸引程度是不一样的，进而造成了知识自组织的进一步循环。

最后，系统内部具有参量涨落。系统依靠参量涨落发生巨变，从而达到新的稳定态。在自组织理论中，涨落是指系统参量围绕某一个数值上下波动的现象，它是系统形成有序结构的原动力。这个过程有以下作用：第一，使偏离平衡的系统回到原来的状态下；第二，当系统处于一个临界点时，涨落可以使系统进入更高一级的有序状态，达到一种新的平衡，呈现原有状态所不具备的新特性。在百度知道中，各个分类的增长情况是不同的，如电脑/网络 > 电脑常识和体育运动 > 羽毛球的问题数量的增长情况相差很大。

综合以上分析可以看出，“百度知道”是一个知识的自组织系统，在该系统中用户的隐性知识转化为显性知识的时候是比较多的，用户多以自己掌握的经验、情感、灵感等帮助其他用户解决问题。同时，百度知道的知识交流模式还有其他优势。首先，它将搜索引擎和用户知识完美结合，避免了知识重复出现，当用户有问题时先在百度知道中进行搜索，没有得到答案的情况下，他才会去创建问题并等待他人帮助，避免了重复劳动；其次，百度知道的积分奖励措施在一定程度上激励了用户，使得用户从心理角度得到了满足。而这些优点都是用户自发活动产生的结果，使得知识在这个平台上出现了自组织的过程。

4. 基于熵的知识系统有序度评价

熵经常用来度量自组织系统有序度的变化。在香农给出的信息熵的基础上，“管理熵”、“知识熵”、“网络结构熵”等相关概念相继出现，分别用于知识管理绩效、知识系统有序度和知识网络有序度的度量研究。

知识熵是企业内部知识状态的复杂程度以及企业内部或企业与外部在知识传递过程中传递效率与阻力损失的度量，也是知识的不确定程度和混乱程度的一种度量。一个企业的知识熵越低，也就意味着知识状态越丰富、越复杂，反之就是状态越不丰富、越简单、越单调。知识熵增加意味着“知识管理效能”不断减少、不断消耗。吴洁等（2007）引入物理学中耗散结构理论的基本原理，对企业的知识转移机理进行了探讨研究，构造了知识熵的数学模型，指出任何企业都会伴随有效知识的逐步减少、熵值逐渐增加的情况，必须不断地进行知识创造和知识转移，确保企业可持续发展。陈伟等（2011）在研究提出基于信息论的知识转移模型的基础上，定义了知识转移中的“知识量”测度方法，据此定义了基于信息论的知识网络熵，从而提出了提高企业知识创新效果和效率的措施及方法。知识熵的一般表达式如下：

$$K_i = -C\sum_{j=1}^{n} P_j \ln P_j \tag{3-1}$$

式中，j 为影响组织知识体系产生负熵的各种因素，C 为常数，P_j 为概率。

$$K_i = \sum_{j=1}^{n} D_j K_j \tag{3-2}$$

式中，D_j 为组织引入的知识负熵流中各影响因素所占的权重，K_j 为各影响因素的负熵值。

开放系统的组织知识熵方程为

$$K = K_e - K_i \tag{3-3}$$

式中，K_e 为组织内部产生的正熵值。

2004 年，谭跃进（2004）引入网络结构熵度量复杂网络的“序”。他认为，如果网络随机连接，各个节点的重要度相当，则网络无序；反之，如果网络中有少量“核心节点”和大量“末梢节点”，则网络有序。他给出两个公式计算网络结构熵：

$$I_i = \frac{k_i}{\sum_{i=1}^{N} k_i} \qquad E = -\sum_{i=1}^{N} I_i \ln I_i \tag{3-4}$$

可以证明，当网络完全均匀，即 $I_i=1/N$ 时，E 取最大值为

$$E_{\max} = -\sum_{i=1}^{N} \frac{1}{N} \ln \frac{1}{N} = \ln N \tag{3-5}$$

黄佳（2008）、吴渝（2010）等分别运用网络结构熵测度了 CSSIG 博客和 BBS 虚拟社区的有序度，验证了这些知识网络的自组织特性，并且指出虚拟社区和博客均具有无标度网络特性，也存在着明显的富人俱乐部现象。

3.2.2 知识异质性

创新更多是知识的重新组合，知识资源是企业进行创新发展的基本源泉，而企业创新绩效取决于知识资源的数量和质量。但并不是越多的知识资源越有利于知识创新，有很多因素影响着知识资源的组合，知识资源的异质性是其中最为重要的一个因素。

近年来，随着互联网迅猛发展，跨界创新的成功案例层出不穷，微信闯入通信领域令移动、联通措手不及，余额宝给金融业带来巨大冲击。但是，腾讯垂涎搜索市场大蛋糕推出的搜搜、百度倾心电子商务推出的微购也成为跨界失败的典型。大潮涌动的跨界创新显示出互联网经济下企业追求异质知识的迫切性，以及面临知识异质度过高所带来的严峻挑战和巨大风险。

异质性知识多数情况下有利于知识协同和组织创新，但有时也无法与内部知识实现融合。已有研究表明，知识异质度与企业创新绩效正相关；另有研究指出，过高的知识异质度会导致企业协同成本、整合成本、研发成本的增加，异质性知识之间也会产生知识冲突，管理成本超出了知识异质性所带来的规模经济和溢出效应，从而导致创新绩效下降。知识异质性对知识创新和企业发展的重要作用，使其成为知识协同理论的重要基础性概念之一。

1. 知识异质性基本概念

由于异质性知识资源在企业的成长与发展中具有独特的价值，知识异质性（Knowledge Heterogeneity，KH）的概念已经成为学术界和企业界共同关注的重要主题。目前，关于知识异质性的定义有多种，例如在营销领域，Bonner 和 Walker（2004）认为，顾客知识异质性是指有影响力的顾客群在技术、市场、战略以及社会影响维度表现出对产品相关信息掌握的差异化程度。在战略领域，Rodan 和 Galunic（2004）将知识异质性定义为个体所接触网络中可获得的知识、诀窍和技能的多样化程度。在技术创新领域，Argyres（1996）认为，技术知识的异质性表示对企业内部技术开发区域狭窄或广泛性的度量描述。在研发联盟中，异质性是一个多维度的概念，一般被认为是合作伙伴在分布特征上的差异程度。Phelps（2010）将网络技术异质性定义为企业所需要的技术知识与网络内伙伴企业以及核心企业之间的差异程度；而在个体网络中，知识异质性指的是由独立元素构成的系统中元素的分布频率，以及它们之间的差异程度。

总体上说，知识异质性具有多层次的内涵。从主体来看，有个体知识异质性、企业知识异质性和企业之间的知识异质性。个体知识异质性是由于个人的教育背景、工作经验、生活经历等一系列的因素影响而形成的个人知识和经验的差别；企业知识异质性是指企业的知识资源的异质程度，即所包含的知识资源的分布频率及其差异程度；企业之间知识异质性则是指某个企业与其他企业的知识资源相比较的差异程度。从知识形态来看，主要包含明晰知识异质性与默会知识异质性。明晰知识指容易观察的组织或个人特质，如教育背景中的学历、所学专业、企业专利等；默会知识指个人所具备的知识技能、职业经验、企业惯例等。明晰知识异质性主要指专利、发明、创造、产品等技术知识的差异；默会知识异质性包含技术知识多样化背景，企业对技术知识的认知惯例，专业员工的差异程度等。

国内外文献中，与知识异质性相关或相近的概念还有知识异构性（Knowledge Heterogeneity）（Louadi，2008）、知识多样性（Variability 或 Diversity）（Rodan 和 Galunic，2004）甚至技术多样性（Technological Diversity）（Huang，Chen，2010）、认知距离（Cognitive Distance）等多种。

近年来，知识异质性对企业成长与发展影响的研究吸引了大量学者的注意力，例如企业创业（吴岩，2014；叶江峰等，2014）、知识创新（王颖等，2012）、企业集群规模与绩效（雷森，2013）等领域。一般地，知识异质性的高低决定了企业的知识创新绩效，它们之间的关系可以用倒 U 形的非线性关系（Nooteboom，2007；Huang，Chen，2010；Van de Vrande D，2013）进行描述，即当知识异质性较高时，企业接触外部异质性知识的机会变大，更容易产生知识创新；但当企业随之产生的协调、沟通等管理成本超过知识异质性带来的知识创新效益时，知识创新绩效将呈下降趋势（见图 3.2）。

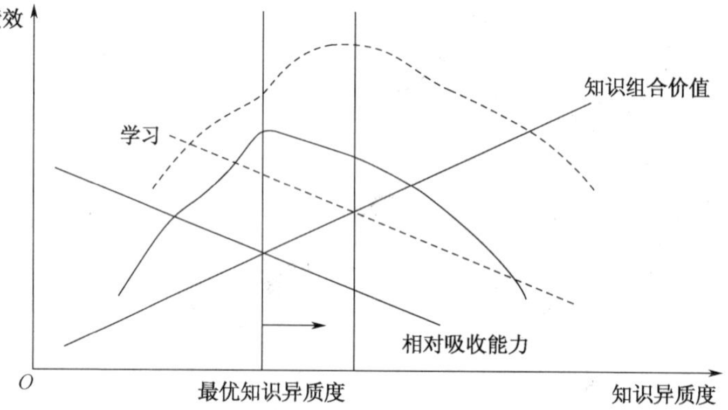

图 3.2　知识异质性与知识创新绩效的关系曲线

异质的知识资源只是企业创新的基础，不会直接产生创新成果，需要依赖一定的路径和中介。同时，知识资源嵌入企业创新情境中，也会受到不同情境因素的调节影响。在中介变量方面，主要有能力视角如网络拓扑、技术能力、知识吸收能力等，战略视角如企业战略、技术学习惯例、产品创新战略等两种观点。在调节变量方面，主要有组织冗余、互补资产、企业能力、学习能力、网络嵌入、组织治理。实际上，组织学习是知识资源与企业绩效之间的重要调节变量，因为组织学习是成员的知识和能力共享以及组织知识、组织记忆、组织惯例的形成过程，主要包括组织学习承诺、共享愿景、管理人员的开放心智以及知识共享等要素，并进一步划分为直觉感知、解释说明、归纳整合、制度化四个过程。在知识资源转化为企业创新能力的过程中，组织学习能力的高低往往起着决定性作用。

2. 知识异质性的度量研究

由于知识异质性尚未有统一的内涵，国内外研究中关于知识异质度的测量方法也各有不同，综合来看可以归结为四类。

（1）基于量表方式的测度。该方法使用最为广泛，如 Milliken 和 Martins（1996）在测度技术与知识异质性时对成员的教育背景、职务背景、职业背景、产业经验及组织成员地位等的测量；Jehn 等（1999）把团队异质性分为社会属性异质性、信息异质性和价值观异质性三个维度，利用问卷调查计算；Rulke 和 Galaskiewicz（2000）将团队成员分为三种类型并采用量表测量成员的知识异质性；Bonner 和 Walker（2004）在测度客户知识异质性时，通过量表调查客户知识的相似度，进而利用集中指数（该指数类似赫芬达尔行业集中度指数）对客户知识异质性进行组合测量。Carley 和 Reminga（2004）利用知识主体共享知识过程中的相似度以及观点多样性测度知识异质性。此外，古家军（2008）、王颖（2012）、吴岩（2014）等也进行了类似的研究。

（2）基于知识距离的测量。Rodan 和 Galunic（2004）认为成员知识异质性来源于他通过网络获得的知识差异性，从而可以通过知识之间的距离来计算，公式如下：

$$\lambda u_i = \sum_{j=1}^{n} d_{ij} u_j \tag{3-6}$$

$$\lambda \boldsymbol{U} = \boldsymbol{D}\boldsymbol{U} \tag{3-7}$$

$$h_i = \frac{1}{N}\sum_{j=1}^{N} d_{ij} \lambda u_j \tag{3-8}$$

式中，N 为成员 i 的知识接触点，d_{ij} 为从成员 i 到每个接触点 j 的知识距离，λ 为第一特征值，u_j 为第一特征向量的第 j 个元素。$\boldsymbol{D}$ 为网络内联盟成员间的知识差异程度矩阵，$\boldsymbol{U}$ 为 $\boldsymbol{D}$ 的特征向量，为其特征值。知识异质性的测度从 0 到 1 变化，其值越大，表示异质性越高，1 意味着知识完全异质。此外 Phelps（2010）也进行了类似的研究。

还有众多学者采用社交网络分析（Social Network Analysis，SNA）方法对网络知识异质性进行分析。Buskens（1998）用该方法对网络信任的异质性进行度量。Criscuolo 等（2007）、Paola 等（2010）通过在企业内部的专家网页上抽取关键词，根据个体之间共享的关键词建立联系，从而构建知识网络矩阵，度量成员网络中心度，以此对知识异质性进行测量。Rulke 和 Galaskiewicz（2000）采用 Blau’s Index（1977）测度了知识连接强度（Tie Intensity），间接反映了知识异质性程度。Espinosa 等（2002）采用任务知识的相似度来反映知识的异质性。

（3）基于专利数据的测度。部分学者如 Lettl 等（2009）、Huang 和 Chen（2010）、Vasudeva 和 Anand（2011）基于国际专利分类（IPC）标准，采用传统上测度异质化的连续指数，包括 Herfindahl 指数和 Entropy 指数进行计算。设 P_i 为第 i 类专利所占的比例，$\ln\frac{1}{P_i}$ 为权重，用对数形式表示。知识异质性的测度从 0 到 1 变化，其值越大，表示异质性越高，1 意味着知识完全异质。两种方法的计算公式如下：

$$h_1 = 1-\sum P_i^2 \qquad h_2 = 1-\sum P_i \ln\frac{1}{P_i} \tag{3-9}$$

还有学者利用专利数对企业间网络知识异质性进行了测度（Sampson，2007；Vrande，2013），其计算方法如下：

$$h = 1-\frac{\boldsymbol{F}_i\boldsymbol{F}_j^{\mathrm{T}}}{\sqrt{(\boldsymbol{F}_i\boldsymbol{F}_i^{\mathrm{T}})(\boldsymbol{F}_i\boldsymbol{F}_j^{\mathrm{T}})}} \tag{3-10}$$

式中，$\boldsymbol{F}_i=(F_i^1,F_i^2,\cdots,F_i^s)$，$F_i^s$ 代表企业在第 s 类的专利数目，$i\neq j$。知识异质性的测度从 0 到 1 变化，其值越大，表示异质性越高。

（4）其他测量方法。Suzuki 和 Kodama（2004）采取了案例分析法测量企业技术知识异质性；Batjargal（2005）采用 IQV（Agresti & Agresti，1978）方法对知识异质性进行测度；Scholten（2006）利用公式对团队成员的知识背景异质性进行了定量分析；Leydesdorff（2007）在对科学期刊引文分析研究时，采用跨学科方法测量了知识异质性；吕洁（2013）以大学生为研究对象，采用实验研究方法测度了知识异质性。

3. 知识异质性测度方法综述

准确度量知识异质性，是该领域进行实证研究的关键。从目前的研究文献来看，国外对知识异质性研究较为深入，所采用的测度方法众多，有量表、知识距离、SNA、专利等，测度的对象则涉及团队、企业、企业之间等多个层次；而国内对知识异质性的测度方面，则主要采用量表形式，个别学者采用实验方法。

综上所述，国内外关于知识异质性的研究有三个层次：一是知识异质性的定性研究，以及其与知识整合、创新绩效等的实证研究；二是知识异质性的间接度量研究，主要有显性/隐性、明晰/默会、浅层/深层、社会属性/信息属性/价值观属性等不同层次的划分和测量，多数采用基于职业、教育程度、专业背景等间接数据；三是采用专利数据或专利关键词的直接测量方法，并且发现了知识异质性与企业创新绩效的倒 U 形曲线关系，个别研究注意到不同层次的知识异质性与企业创新绩效的关系并不一致。

4. 知识异质性与知识协同的关系

首先，知识异质性是知识协同的前提条件。

知识协同是新知识的创造过程，实际是知识创新的内在机制；而知识创新是企业创新的主题。因此，知识协同的绩效与企业创新绩效直接相关。知识异质性是知识协同的前提条件，异质知识的搜寻和处理贯穿知识协同的全过程，知识异质性越高，越需要知识协同（陈建斌等，2015）。基于 Web 2.0 技术的实践社区，大大提高了企业调动知识资源的能力，从而保证企业知识系统的异质性，为企业创新提供源源不竭的动力。

其次，知识协同反过来促进知识异质性。

知识协同对知识异质性的促进作用表现在两个方面：一是协同的结果是新知识的产生，从而增加了企业知识的多样性，从数量和结构方面增强了知识资源的异质性；二是知识协同增强了企业的知识获取、处理能力，从而能够在更大范围、更广领域进行知识搜寻和采集，也进一步改变了知识存量的结构多样性。

基于 Web 2.0 技术的企业实践社区或知识社区，以企业百科、微博或论坛的形式得到了广泛的应用，成为新时期企业知识创新的主要支撑平台。虚拟实践社区的数字化、非摩擦特性，大幅度降低了知识管理成本，企业不但能够便利地共享员工的显性知识，更能够引导员工、客户、供应商等介入解决创新实践问题过程，从而获得他们的隐性知识。实践社区已经成为企业知识系统的数字载体和主要创新平台，也为企业调动更多的异质性知识资源提供了条件，并为企业带来了颠覆性创新的机会。

3.2.3　知识治理

Bruce Strong，Thomas H. Davenport 等（2008）的研究表明，许多组织对知识管理的投入较大，认为知识与学习对于组织的发展、创新、执行力以及发展战略有着极大的关系。但在实施知识管理的组织中（包括通用电器、麦肯锡、丰田、世界银行等大企业），知识活动的效果并不理想，甚至出现效率低下的案例，导致部分与知识活动相关的项目被迫取消或外包。Nicolai J. Foss（2007）认为，当前知识管理研究的不足及缺陷包括：知识活动缺乏上层制度基础、知识管理活动取舍不足、组织知识活动开支分配不匀等。他基于组织行为学理论，从组织的三个知识活动（知识共享、知识存储、知识创造）出发，从宏观上建立引导知识活动发展的机制。周贺来（2008）认为，“知识黏性”是组织知识共享的极大障碍，应从治理视角对知识黏性进行削弱，以实现企业的知识资本价值最大化。孙锐，赵坤（2008）从进一步加强组织知识库的知识存量出发，认为有必要研究如何通过有效的治理机制对散布和嵌入的知识进行调查和开发，以有利于组织的知识转换、知识合成、知识积累以及知识运用。

由于知识的特殊性及其组织过程的复杂性，知识管理的实施效果难如人意，知识治理成为关注的新焦点。治理的本质就是对行为进行激励、约束、规制、引导的秩序和规则，而知识治理就是对知识管理等知识活动中的行为进行激励、引导、规范和控制的组织制度安排（李维安，2007）；是一个选择正式和非正式组织结构和机制，以最优化知识的创造、转移和共享的过程（Foss et al.，2003，任志安，2007）。知识治理强调通过顶层的组织和制度安排来影响参与知识活动的组织内和组织间的行为人及其他利益相关者的动机和行为，根本目的在于最优化知识转移、共享和利用。

知识治理的主要研究议题有（Foss 等，2003）：①调整治理机制以影响知识管理过程；②哪些治理机制组合能更好地提升组织内和组织间的知识共享、知识整合、知识创造；③什么是知识管理过程中特定的组织和交换风险，如何通过治理机制有效防范这些风险。王雎（2009）、谷峰（2011）等探讨了开放创新模式下的知识治理机制，提出了知识治理的情景组合观与流程设计观的整合，梳理了4个维度（外部创新源的知识特性、知识活动主体因素、知识活动的外生情境、内生情境）及各个维度的影响因素。罗珉等（2010）研究发现，良好的知识市场机制设计、善用多元化交流渠道或建立效率化系统技术， 能够通过实现和强化组织创新，提高知识治理绩效。

由于知识协同超越知识管理现状，存在着较为明显的知识主体广泛参与性、自主性、自组织性，基于“管理”视角自上而下的制度设计失灵，必须借助“知识治理”从更深层的制度设计加强知识协同的研究与实施，从而实现知识系统的自组织，提升知识协同绩效。

3.3 知识协同的核心概念——协同效应

综合国内外关于知识协同的研究成果可以看出，对知识协同的认知虽有一致的地方，但更多的是差异。这种认知差异主要来自对知识协同定位和目标的解读。关于知识协同目标的研究可以大致分为两种观点，第一种观点是以提高组织绩效为知识协同的主要目标，将知识协同视为提高业务能力和提升组织效益的重要杠杆。其代表性观点如国外的 Karlenzig，国内的陈昆玉和陈昆琼。第二种观点是将知识协同的目标定位于知识管理，视其为知识管理活动的高级形态，或者一种具体的知识创新过程。其代表性观点如国外的 Anklam，国内的樊治平、佟泽华等。有学者认为，第一种观点的视角、领域范围和业务逻辑链条更深、广一些，更接近管理科学的发展路径，符合大多数领域的业务发展实践；而第二种观点多适用于图书馆、档案馆、情报所等以知识活动为业务内容的组织机构，突出知识管理本身效益的提高（徐少同，孟玺，2013）。

实际上，如同知识管理存在多个层面的解读一样，知识协同也由于立场和视角的不同，导致出现如上的认知差异。我们对知识协同的理解，也不能偏执于某个局部或层面，而应该从“协同”的本质出发，从宏观、微观不同层次理解知识协同的战略观点和管理观点。

3.3.1 协同的本质

协同一词来自古希腊语，或曰协和、同步、和谐、协调、协作、合作，是协同学（Synergetics）的基本范畴。所谓协同，就是指协调两个或者两个以上的不同资源或者个体同步完成某一目标的过程或能力。

协同是指元素对元素的相干能力，表现了元素在整体发展运行过程中协调与合作的性质。结构元素各自之间的协调、协作形成拉动效应，推动事物共同前进，对事物双方或多方而言，协同的结果使双方或多方获益，整体加强，共同发展。导致事物间属性互相增强、向积极方向发展的相干性即为协同性。 研究事物的协同性，便形成协同理论。

1971 年，德国科学家哈肯提出了统一的系统协同学思想，认为自然界和人类社会的各种事物普遍存在有序、无序的现象，一定的条件下，有序和无序之间会相互转化，无序就是混沌，有序就是协同，这是一个普遍规律。协同现象在宇宙间一切领域都普遍存在，没有协同，人类就不能生存，生产就不能发展，社会就不能前进。在一个系统内，若各种子系统（要素）不能很好地协同，甚至互相掣肘、离散、冲突或摩擦，这样的系统必然呈现无序状态，发挥不了整体性功能而终至瓦解。相反，若系统中各子系统（要素）能很好地配合、协同，多种力量就能集聚成一个总力量，形成大大超越原各自功能总和的新功能。

3.3.2 知识协同的宏观、微观理解

知识企业的产品生产或服务实施过程是知识高度密集的创新过程，在知识产品的生产过程中，需要团队成员之间频繁地进行知识协作，集成知识资源不断生成新知识，从而实现知识创造。知识协同，是这种团队知识协作的过程和结果的综合反映。根据协同概念的不同层次理解，知识协同也可以宏观、微观层面相结合进行全面的认识。

在微观层面，Leijen 和 Baets（2002）指出知识协同是一个知识请求者认识到自己没有能力解决某个问题，而另一个知识提供者恰好有这方面的能力，如果双方能够达成共识，则可以整合双方的知识，以弥补知识请求者的知识需求，达到解决问题的目的。此时的知识协同是指一次具体的知识协作，是一次集成不同知识资源实现知识创新的过程。知识创新过程中，强调在恰当的时间、恰当的知识主体与知识客体相互作用，产生恰当的新知识。所谓恰当的新知识，是指它恰好能够解决知识流程所针对的某个具体问题。虽然在知识协同过程中，存在诸多的知识共享、知识转移、知识获取、知识应用等子过程，但它强调这些过程在时间上的恰当性、同步性、针对性、有机性，各个子过程高度紧密地相互配合和链

接，形成解决问题的知识流。

在宏观层面，陈昆玉和陈昆琼（2002）认为企业通过整合组织的内外部知识资源，使组织学习、利用和创造知识的整体效应大于各独立部分总和的效应，它的目的在于获得“1+1＞2”的知识协同效应。知识协同的关键是多个知识资源协调协作后产生新的知识，是参与协同的知识主体各自无法独立创造完成的“知识增值”。从这个层面上讲，知识协同不是简单的知识叠加、知识共享、知识传递，而是必须产生知识增值的活动。

综合以上理解，我们提出知识协同需要综合微观、宏观两个层面进行定义，即知识协同在微观上是指基于情景的知识创新过程，知识系统的主体、客体、环境、时间诸要素协调一致，实现在恰当的时间和空间，将恰当的信息和知识传递给恰当的目标或对象，即强调协作状态的“恰当性”；在宏观上是指知识系统各要素资源的协调、协作所实现的有序状态，实现各个体的属性增强和系统新功能的产生，强调系统效果的“增值性”。微观与宏观的两层理解，同时也是“过程+结果”的逻辑框架，微观上的知识协作所产生的新知识，在宏观上集成为系统的新功能、新结果和新状态，微观上的协作恰当性导致宏观上的效益增值性。

3.3.3　知识协同的特性

基于知识协同的系统观，进一步从知识管理层面对知识协同进行解读，综合其宏观、微观理解，可以归纳出四个特点，使其明显区别于知识转移、知识共享等传统知识管理概念。

（1）要素综合性：知识主体、知识客体、时间、环境综合一体。知识协同是基于人的主观能动性（意愿、动机、行为），人作为知识主体具有主导作用；知识及其载体是协同行为中的客体，是作用的对象；协同的目的是解决问题，因此具有明确的时间、环境约束，是特定情境下的知识创新过程。这些要素相互影响，紧密配合，缺一不可。

（2）要素准确性：知识传递的时间、对象、空间的恰当准确。知识在主体之间的传递和转移，受情景约束，必须具备相当高的准确性和及时性，冗余信息、错误知识、错失时机、失当载体等，都容易导致协同的失败。

（3）要素动态性：协同过程与时间密切相关。与传统知识管理中的知识转移、知识共享不同，知识协同强调实时性，与时间高度关联。知识系统的各个组成要素都处于不断运动状态，每时每刻都有协同系统的参数和状态变化，使得协同状态的实现具有一定的难度，需要动态处理知识流程。

（4）知识增值性：目标是创造更具价值的新知识，同时实现社会资本和知识资本增值。协同的目的是集成各个独立成分形成统一系统，实现新功能，产生新价值。而新价值主要表现为知识资本的增值（知识产品本身，生产知识产品过程中积累下来的隐性、显性知识）和社会资本的增值（知识主体之间的联系加强，信任感增强，文化认同度提升，知识网络的扩大等）。

3.4 知识协同中的资本增值

3.4.1 知识协同与社会资本

社会资本（Social Capital）的概念最早由社会学家 Bourdieu 提出，他将社群中的人际关系网络看成一种有助于个人在社群中发展的关系性资源。微观上，社会资本被定义为个体利用社会关系网络获取外部资源的一种能力（郑晓涛等，2008）。此后，社会资本的概念和范围不断扩展，延伸至团体、企业、区域、国家等宏观层面，强调它是内部成员通过社会机制获得的一种联合行动能力（王凤彬，2008）。柯江林等（2007）指出社会资本不管是在微观还是宏观层面上，都具有资源动用能力和社会关系网络嵌入性两个关键的特征。借鉴这些研究，本书认为知识团队的社会资本是指嵌入团队成员的关系网络中、通过关系网络可获得的、来自关系网络的资源集合体，代表了团队成员借助于社会网络或其他的社会结构来获取和交换资源的能力。

知识协同的目的是创造新的知识，知识创造本质上是一个社会化过程。在 SECI 模型中，知识创造四阶段中的三个阶段，即社会化（Socialization）、外在化（Externalization）、组合化（Combination），都包含着个体间的社会互动（Alton，2002）。个体间的社会互动必然导致社会网络的形成，知识创造便在知识网络中产生。从认识论的角度，知识创造有三种模式，分别是认知主义（Cognitivists）、自创生主义（Autopoietics）和连接主义（Connectionists），显然，与协同导致的知识创造相一致的是连接主义，知识个体通过协同问题求解触发了相互之间的连接，新的连接导致新知识。进一步地，连接主义也将社会资本的概念引入知识协同。社会资本是由社会连接和社会互动所产生的利益、价值或资产等，当分析知识创造时，研究者都将社会资本作为主要研究要素之一（Nahapiet，1998）。现有不少针对知识创造所进行的实证研究，往往都是从社会资本对知识创造的影响入手的（WaHung，2006； Brambila et al.，2008； Artigues，2009）。

社会资本与知识协同绩效正相关。知识主体之间的社会关系对其知识协作行为具有直接的影响，主体之间的时空距离、信任程度、连接强度等都决定着知识协同结果。在一个团队中，意识到知识缺口的知识需求者，肯定首先在自己熟悉的成员中寻找他认为最可能提供帮助的知识提供者，其次才是在较为陌生的成员中寻求合作。比如，典型知识团队如服务外包企业的虚拟团队具有跨时空、跨组织、跨文化特点，决定了团队各成员之间必须不断通过所属社会网络获取社会资本，协调并促进各成员之间的知识转移，才能克服由于团队结构特点带来的诸多障碍，创造新的知识。可见，虚拟团队的社会资本对知识创新有促进作用，有利于知识协同；知识协同意味着知识网络中连接的增强和新连接的增加，促进了社会资本的增值。

3.4.2　知识协同与知识资本

1. 知识资本及其构成

基于知识资本（Intellectual Capital）资产与权益两方面属性，知识资本的本质是企业拥有或者控制的知识和能力，其焦点是价值的创造和萃取，包括所有经过知识的获取、创新以及有价值关系的建立等智力活动所创造的资产，是组织中隐性知识以及能被组织结构化的显性知识的总和（向志强，2006）。关于知识资本构成要素及其相互关系的研究，主要有二元论（人力资本和结构资本）、三元论（人力资本、结构资本和客户资本）和多元论（等同于无形资产）等观点（李东琴，2004）。目前关于知识资本的研究重点集中在其构成、各部分与企业绩效的关系等方面（Harrison&Sullivan ，2001；Steven Firer ，2003；李东琴，2004）。研究表明，知识资本对企业绩效有正向影响，但各部分的贡献不一；人力资本只有与结构资本相结合，才能产生应有效益。张丹等（2010）把关系资本纳入企业知识资本范畴后，研究了 IT 业上市公司知识资本与企业绩效之间的关系，发现其影响程度由高到低排序依次为关系资本、人力资本、结构资本。

与上述划分方法不同，王大勇（2007）根据知识的显性和隐性分类，把企业的知识资本划分为显性知识资本和隐性知识资本。例如，在服务外包企业中，接包企业从发包企业获得的行业知识既对当前项目有益，也对其长期专注领域发展有利；每个外包项目的完成，团队成员掌握的行业知识内化为隐性资本，显性资本则体现为规则库、模块库、知识库等增加的内容。因此，为研究方便，本书采纳显性知识资本和隐性知识资本的二分法。

2. 知识协同与知识资本的关系

知识资本是智力活动所创造的资产，知识协同是知识创造的过程。在此过程中，知识工人的能力得到提升，知识得以更新和扩展，企业的组织环境和业务流程得到改善，知识产品的交付提升客户关系，这些都属于企业知识资本的范畴。

从现有文献来看，一方面，知识协同与知识资本之间的关系还未引起业界研究的重视，知识协同如何促进知识资本各个部分的增值，对知识资本组成成分的作用大小及其作用机理等，需进一步展开研究。另一方面，知识密集的行业中知识协同的绩效对企业知识资本、尤其是隐性知识资本的积累与增值影响比较明显，企业知识资本与企业知识协同绩效之间的互动关系、隐性知识资本增值测度等，需进一步研究。

3.5 知识协同中的效率问题

3.5.1 知识协作的效率

对于典型的知识型团队，项目的进展主要依赖于团队成员的知识能力以及成员间知识共享和知识转移的有效性。而团队成员往往来自不同的组织、不同的地区，具有不同的知识背景、语言和价值观，这些因素导致成员间信息沟通和知识获取的困难。由于这种特殊性，为了能够共同完成任务，项目团队成员通过频繁的社会互动与沟通、共享语言、共享目标等，对团队内部知识进行有效认知，形成基于“谁知道什么”、“谁知道谁”的有效协作状态就显得尤为重要（曲刚，李伯森，2011）。知识协同所实现的“恰当性”、“有效协同”与基于“谁知道什么”、“谁知道谁”的有效协作状态，有基本相同的内涵，并且由社会资本和知识资本共同决定了这种状态的有效性。

信息传播效率是提高系统有序度的关键，信息传播效率主要是信息传输的时效性和准确性。与此相仿，知识协同是众多微观知识传输、转化的有序表现，知识协作的时效性和准确性决定了宏观状态的序化程度。在知识流量相对稳定的企业系统中，知识协作的时效性和准确性是两个难以同时满足的量。对于一次知识传递过程，一个量的增加总是以牺牲另一个量为代价。增加知识流通的路径和层次可以有效提高知识传输准确性，同时增加了寻径难度，延缓了知识流通；反之，会使知识流通的时效性提高，准确性降低。因此，评价和研究企业知识系统有序度时，必须综合考察它的时效性和准确性，以达到最优的知识协同状态。

综上所述，知识协作的效率，可以由时效性、准确性两方面进行综合评判。

3.5.2　知识资本、社会资本与知识协作效率

知识活动总是嵌入于一定的社会关系网络之中，知识的获取与共享离不开人与人之间的社会互动。而企业社会资本是嵌入于源自个体或社会单元拥有的关系网络中的实际和潜在的可用资源，这种资源对基于人与人互动的知识活动必然产生一定的影响。研究表明，企业社会资本对知识获取或知识共享具有显著的积极影响（刘佳佳等，2013）。反过来，知识活动又加强了人与人之间的联系，增进了信任，推动了共享认知，因此也可以推论：知识资本对社会资本也有显著的积极影响。

知识协作的效率由知识流通时效性与准确性共同决定。知识资本提供了知识客体的数量和质量，社会资本提供了知识流通的路径和层次，影响着人们在有限时间内搜寻到正确知识的能力，因此影响着知识传输的准确性和时效性。企业知

识系统的不同发展阶段，知识资本与社会资本对知识协作效率的影响作用有所不同。根据学习曲线理论，随着知识资本和社会资本的增加，知识传输的准确性和时效性将随之提高；当知识资本与社会资本增加到一定程度时，知识搜寻、鉴别的成本增加，将降低知识协作效率的提升幅度。

3.6 知识协同的绩效评价

3.6.1 知识视角的绩效评价研究

所谓“绩效”是指显现组织整体运作活动的最终结果，同时也是衡量个体成功实现组织任务或实现目标的程度。目前对于知识协同绩效模型的研究并不多，但有关知识管理绩效、知识共享绩效、创新绩效等方面的研究较为多。

知识协同绩效方面，万幼清和邓明然（2007）基于知识视角对产业集群协同创新绩效进行了分析，并从企业知识基础存量、企业创新动力、创新能力和企业间协同程度等方面构建了产业集群协同创新绩效模型。杜宝苍和李朝明（2009）对组织间知识员工协同工作绩效构建了相关指标体系，并采用多级可拓评价法进行了实例应用。许强和郑晓丹（2010）从母子公司的组织协同入手，将知识协同作为中介变量，分析了母子公司间的组织协同、知识协同和创新绩效三者之间的关系，并构建了相应的概念模型。

在知识管理绩效评价方面，不少学者对此展开了深入研究。Kun Chang Lee 等（2005）提出了知识管理绩效体系（KMPI）并进行了实证研究。Arthur Andersen 提出了知识管理评估工具（Knowledge Management Assessment Tool，KMAT）包括领导意识、企业文化、技术评估、学习行为变化等五个维度的指标。蒋翠清等（2007）使用知识循环过程指数构造知识管理绩效指数的 s 形 Logistic 函数，以评估组织在某个时点的知识管理绩效。

在知识共享绩效方面，李晓利等（2010）基于减聚类–模糊神经网络对协同产品创新过程中客户的知识共享绩效展开了研究，构建了相应的绩效评价指标体系。田鹏等（2012）从环境特征、知识共享的动机与障碍两方面对知识共享绩效的影响进行了实证分析，其中知识共享绩效包括共享过程满意度、知识获取、知识运用、工作绩效的改善四个方面。

在创新绩效方面，蒋日富等（2007）认为绩效分为产出绩效和非产出绩效，主要取决于团队类型和考核目标，并从五个方面测量了创新绩效。简兆权等（2010）构建了网络关系、信任、知识共享与技术创新绩效相互关系的模型，且通过实证研究认为：企业间的信任、网络关系及知识共享程度均对企业的技术创新绩效产生正向影响作用。周芳和郭岩（2012）构建了供应链社会资本、知识分享和创新绩效三方关系的理论模型，并通过实证研究认为：社会资本和供应链企业创新绩效呈正相关关系，供应链企业间知识分享在社会资本和供应链企业创新绩效间具有重要的中介作用。

在组织绩效方面，杨学绒（2011）检验了知识转移、知识满意度及企业绩效间的关系。实证结果表明，知识转移对组织绩效的提升具有正向促进作用；知识满意度在知识转移对组织绩效的影响关系中具有重要的中介作用。

3.6.2　知识协同效应的测度

协同反映整体与部分的关系，是通过子系统之间的协作处理，导致宏观系统的结构和功能产生的增值效应。知识协同就是强调通过知识资源的整合，实现“1+1＞2”的知识增值。施慧斌（2008）从系统角度分析了知识协同效应的内涵，指出知识协同效应“是预期目标与预期目标增量效应之和，反映了知识协同活动过程中各个阶段相变的积累”，从而定义知识协同效应为

$$E = f(k_1, k_2, \cdots, k_n) + \varphi(r_1, r_2, \cdots, r_m) \tag{3-11}$$

式中，E 为知识协同总效应，$f(k_1, k_2, \cdots, k_n)$ 表示预期目标效应函数，$k_i(i = 1, 2, \cdots, n)$ 是依附于行为主体的知识单元；$\varphi(r_1, r_2, \cdots, r_m)$ 表示预期目标增量函数，是协同效应的真正体现，$r_i(i = 1, 2, \cdots, m)$ 是协同过程中的知识活动。

王慧（2009）认为企业集团内部知识协同效应与四个方面的因素有关：主体因素（A）、客体因素（O）、媒介因素（M）以及情境因素（C）。因此，企业集团知识协同效应可表示为一个数学模型

$$P = F(A, O, M, C) \tag{3-12}$$

虽然上述研究初步探讨了协同效应的组成要素及其函数表示，但仍处于概念层面，缺乏深层探讨。比如，增量的性质是什么？增量部分如何测度？如何促进增量的实现？这些问题的回答，需要对知识协同机理的进一步分析和创造性的研究设计。

3.6.3 知识协同的效果与效率

综合知识协同与知识资本、社会资本、知识协作效率的关系讨论可以看出，知识协同既表现为协同效果的获得（知识资本、社会资本增值），也表现为知识协作效率的提高（准确性与时效性的提高）。在知识资本、社会资本、知识协作效率之间，存在一定的相关关系。知识协同的整体绩效，应当在宏观上度量资本的增值，在微观上度量效率的提升。基于上述文献研究，作者又对 10 多家包括博彦科技、奥博杰天等著名 IT 服务公司在内的服务外包企业进行了调研访谈，针对服务外包企业的“知识协同机理与绩效评价”进行了专题研讨。在上述研究的基础上，构建了知识协同绩效评价的框架（见图 3.3），同时探讨了具体的度量指标、维度及其应用。

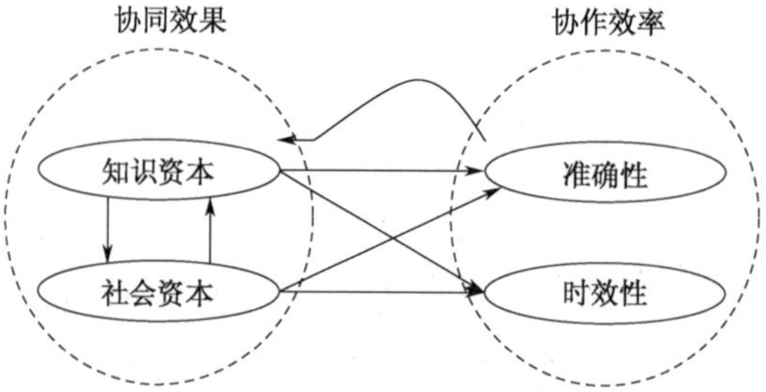

图 3.3 知识协同绩效评价的框架

1. 知识协同效果的度量

知识协同的效果可以从知识资本和社会资本的增值两个方面进行测度。

（1）知识资本增值的度量

经济合作与发展组织（OECD）将知识分为显性知识和隐性知识。显性知识是正式或系统化的知识，一般能以产品说明书、科学公式或原理、论文、著作、作品设计图纸、计算机程序、工艺或操作加工程序等方式被交流或分享；隐性知识属于个人化或集团协作化的知识，以个人的经验、印象、技术诀窍，企业的产品或技术流程，组织文化、风俗或惯例等形式存在，因其高度个性化、情境化而难以被编码和度量，也不易于被交流分享。由此，企业的显性知识的集合构成了显性知识资本，隐性知识的集合构成了隐性知识资本。

知识协同的过程是人与人之间的知识互动，知识主体运用自身拥有的知识，与得到的他人知识相整合，形成新的知识。由于知识资本的无形性、共享性、非损耗性，知识协同的效果除了交付给客户的最终知识产品（以产品或服务作为载体）外，知识产品内含的知识成果同时成为企业知识资本的增值部分，表现为个人、团队能力的提高、经验的积累、流程的改善，又表现为显性知识的增加（经验总结、过程文档、知识库等的增加）。

根据野中郁次郎（Hedlund G， Nonaka I.，1993）关于知识的分类模型（见表 3.2），显性知识资本的增值，主要测量知识协同最终形成的、被组织或团队共同拥有的知识成果，如专利、工艺、章程等显性成果，程序库、规则库、知识库、案例库等可复用知识单元的增加；隐性知识资本的增值，主要测量个体经验和技巧的增加、团队能力的提升、组织文化和惯例的改善等。

表 3.2　野中郁次郎关于知识的分类模型

分类	个人层次	群体层次	组织层次	跨组织层次
显性知识	知识积累	绩效分析的文件	组织章程	供应商的专利和工艺文件
隐性知识	跨文化沟通技巧	团队协调	企业文化	顾客对产品的态度和期望

（2）社会资本增值的度量

Coleman（1999）将社会资本定义为：创造价值并促进个人行为的社会结构因素，当人们之间关系的改变可以促进工具性的行动时，就产生了社会资本。Nahapiet 和 Ghoshal（1998）将企业社会资本分为三个维度，即结构、关系和认知。结构性社会资本是指企业社会关系网络的结构特性，如关系强弱、密度、核心性等特征，给企业实现目标带来了便利性（Seibert Scott E，et al，2001）；关系性社会资本通过人际关系的创造和维持来获取稀缺资源，主要表现为网络成员之间的信任和可依赖性，成员间的相互尊重和认可；认知性社会资本则是通过网络成员的共同经历、语言、立场和观点等的联系，形成社会行为控制的规则和规范。

知识协同是个体知识需求者寻找知识提供者并与其进行知识互动的过程。在这个过程中，知识主体之间的联系趋强、连接增加，知识主体之间的信任、互惠、尊重认可增强，他们的语言、立场、观点趋于一致。这些增量，就形成了社会资本总量的增加（刘佳佳，2013）。因此，本书关于社会资本增值的测量，主要从社会互动、信任、共享认知三个变量的变化进行测度。

2. 知识协作效率的度量

曹勇等（2010）在研究隐性知识转化效果测度时，提出了包含 5 个方面的影响因素层次结构图（见图 3.4）。在不考虑知识转移主体能力和客体载体的情况下，隐性知识转移的效率主要受技术转移平台（知识距离、准则距离、空间距离、关系距离）的影响。

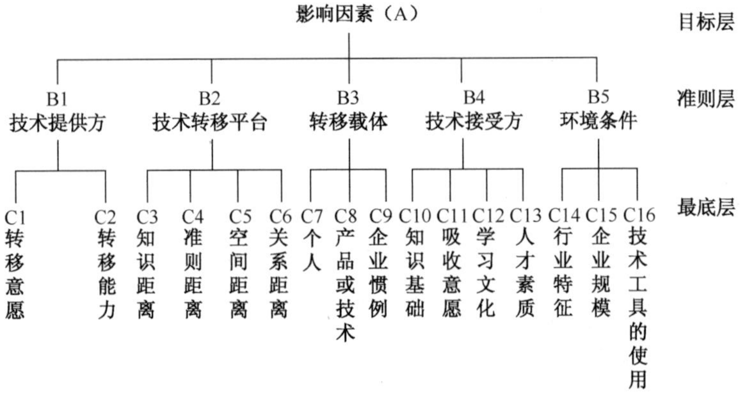

图 3.4　隐性知识转移效果影响因素的层次结构

另外，关于知识获取的研究表明，影响知识获取的关键因素有知识源转移意愿、知识可达性和知识吸收能力。其中知识可达性，除了受知识属性约束外，更受知识网络的连通性约束；知识吸收能力则在很大程度上取决于知识关联度（张晓棠等，2012）。要高效获取所需要的知识，准确性方面需要考虑可获取资源的丰富度和关联度、解决问题所需协作的次数；及时性方面需要考虑搜寻知识的时间、知识转移的时间以及技术可靠性。

综合以上论述，本书提出知识协同的测度指标及其含义如表 3.3 所示。

表 3.3 知识协同的测度指标及其含义

构念	变量	维度及其表征	参考文献
知识协同效果	社会资本增值	社会互动增强：连接强度增强、新连接增加	刘佳佳，2013
		信任增强：信任、互惠、认可、归属	
		共享认知增强：共同的语言、目标、观点	
	知识资本增值	显性知识资本增值：专利/工艺/流程、模块/知识/案例库等增加量	Hedlund G，Nonaka I.，1993
		隐性知识资本增值：个体经验和技巧的增加、团队能力的提升、组织文化和惯例的改善	
知识协作效率	准确性	知识资源可获性、丰富性与关联性	张晓棠等，2012；曹勇等，2010
		解决问题所需协作的次数	
	时效性	知识搜寻时间、知识转移时间、技术可靠性	

3.6.4 知识协同绩效度量方法的应用

由于知识本身的精确度量存在较大困难，与知识相关的度量方法均存在较多的缺陷，既难以定量把握知识活动的客观成果，也难以进行企业、团队之间的纵横比较。本章关于知识协同概念的讨论及其绩效度量方法的研究也无法根本突破这种困境，但其主要应用意义如下。

（1）全方位理解知识协同本质，指导企业实践。

本章关于知识协同效果和知识协作效率相结合的研究，拓宽和深化了“知识协同”内涵，有利于企业管理者综合运用技术和管理手段优化知识资源的配置，提升知识活动的效率和水平。

（2）为知识协同相关研究奠定理论基础。

本章建立的知识协同绩效评价框架，为具象化研究提供了理论基础。以此为基础，可以进行知识协同影响因素的研究、演化路径的研究等，并能够实现一定技术支持下的定性讨论与定量测度相结合的综合研究。

知识存在的形式多样，难以进行定量测度。但在 Web 2.0 环境下，尤其是企业 2.0（Enterprise 2.0）在各类组织内部的推广应用，为知识协同绩效的定量研究提供了可能。企业 2.0 环境下，员工之间的知识交流过程、知识创造成果都有数字化存储和记录，基于这个平台进行员工之间连接强度、连接数量、问题解决效率、知识文档存量与增量等的测度，能够部分地解决知识资本与社会资本增值、知识协作时效性和准确性的定量计算问题，因此有利于开展知识协同的可计量性研究。

第 4 章　企业 2.0 知识协同自组织分析

传统的企业知识系统中，信息流像“狭窄管道（Narrow Channel）”一样传递，沿线性链条进行提交（Andrew，2011）。受制于链条上单个节点处理信息和知识的局限性，知识传递有可能停顿或延迟。任何一个组织中，都有可能存在关键信息和知识被遗忘或遗失的情况。传统针对知识管理、知识共享、知识转移的研究，多聚焦于知识流转过程中的形式变化、影响因素和管理措施等；研究的基本模式，仍没有突破“管道”结构，协同式的知识处理缺少技术支持和理论探索。

让恰当的信息和知识在恰当的时间和地点出现，是知识协同关注的目标。人们已经在 Web 2.0 环境下看到很多成功的社会化知识协作案例，如“人肉搜索”、Wiki 百科、Facebook 等，它们具有典型的知识协同特征。伴随着 Web 2.0 技术在企业中的应用，以“企业 2.0”为名的企业知识协同正在成为研究的热点。

4.1　国内外研究现状

4.1.1　企业 2.0 应用及其研究

2006 年，哈佛商学院 Andrew McAfee 提出了企业 2.0（Enterprise 2.0，E 2.0）的概念，将其描述为：“公司内自然出现的社会软件平台，或者公司与其合作者或客户之间自然出现的社会软件平台，它让人们相互交往中固有的模式和结构变得可视化。”国外关于 E 2.0 的研究主要有 Mashup 系统平台（Michele，2010）、治理结构（Mckelvey，2003）及其应用领域的讨论。国内研究基本类似，盛小平等（2011）研究了 Web 2.0 技术的高度交互性、开放性、灵活性、适用性和集成性特征，指出 E 2.0 可以更好地促进知识管理在企业的实施，特别是改进企业知识获取、知识组织与知识共享等活动。

E 2.0 的定位是敏捷合作与知识共享，推崇自下而上的管理理念、分散的管理模式、扁平化的组织结构和广泛的用户参与，具备更好地获取企业中的隐性知识、最佳实践和相关经验，使之易于被广泛利用的能力。把 E 2.0 用于知识管理，可以弥补知识管理实践中知识开发利用程度有限、全员参与性差、知识更新缓慢、知识交流不足、个性化知识需求难以满足等缺陷（王伟军等，2007）。不过，E 2.0 仅仅是一种技术的应用模式，而要真正实现它的应用目标，在知识治理和管理层面，必须有配套的运作。

4.1.2 企业知识系统及其自组织研究

维基百科、百度知识是 Web 2.0 时代的自组织知识系统（淡金华等，2009；宋倩倩等，2010）。E 2.0 环境下所形成的企业百科、微博、虚拟社区等，既是企业知识系统的一个组成部分，也符合 Web 2.0 的应用特性，显然也是自组织的知识系统。E 2.0 能够实现自发的协作，知识需求者可以通过 Web 2.0 平台在人际网络中传播需求，从而找到知识贡献者；知识提供者可以通过 Web 2.0 平台发现需要知识的新问题，从而适时激发贡献知识的热情。知识生态的自组织特性，再加上 E 2.0 应用突破了知识流动“管道”模式，使得知识员工处于一个开放的、动态的、不断演化的知识丛林中，并通过广泛实时交互，发现问题、分析问题、解决问题。可以说，E 2.0 把知识合作的潜在关系演变成现实关系，将隐性的知识转移演变为可视化的知识协同。

那么，E 2.0 下的企业知识系统如何按照组织设定的战略目标实现协同效应呢？与互联网环境下的 Wiki、BLOG 等应用不同，E 2.0 有了明确的企业边界，其知识系统从应用规模、知识内容和治理方式上都有其特殊性，需要以“企业+社会关系”相结合的研究模式展开 E 2.0 应用研究。

4.2　企业知识系统的超网络结构及其有序度测量

4.2.1　企业知识系统的超网络结构

波普尔“世界 1-2-3 理论”将世界划分为三大部分，即世界 1（Objective World）——物理客体和状态的世界；世界 2（Subjective World）——意识状态和主观经验的世界，包括全部感性知觉、认识经验、创造性的想象以及自我；世界 3（Knowledge World）——客观知识世界，即具有物化特征的文化、文明、语言文字和科学理论体系、科学假说、批判性论据等。三个世界之间存在某些认知联系，如图 4.1 中世界 1、2、3 之间的实线及虚线箭头。

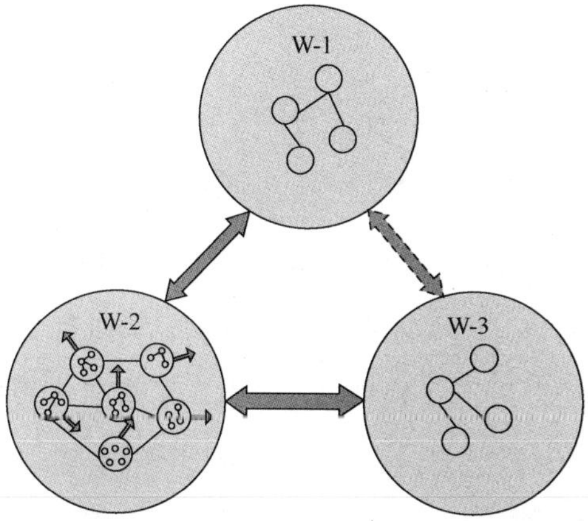

图 4.1　世界 1、2、3 的映射关系

知识管理认为，企业知识系统包括了企业内部以人为核心的一切知识要素，系统边界与企业边界一致，是一个逻辑系统。这些知识要素可以划分为两类，一类是人（代表一个知识子集），一类是表达出来的知识元（如 E 2.0 中的企业博客、百科），它们分别属于 W-2 和 W-3。W-2 决定 W-3，W-3 是个体知识协同后产生群体知识的显性表达；W-3 又反过来影响 W-2 中人际网络关系与结构的演变。知识系统的自组织过程反映了 W-2 与 W-3 相互映射、相互影响、协同演化的发展过程。因此，可对 E 2.0 下知识系统的 W-2 与 W-3 两层网络进行协同建模，把企业知识系统定义为“知识元网络”和“知识人网络”相结合的超网络体系。

用 S 表示超网络，N_k 表示 S 所包含的网络（$k=1$，2），则 $S=(N_1, N_2)$，表示该超网络中包含 2 个网络，分别为人际网络 N_1 和知识元网络 N_2。

定义 1：超网络 S 中的每个网络 N_k（$k=1$，2）可以用 $G_k=(V, E_k, L_k)$ 来表示，其中 V 为网络中所有节点构成的点集；$E_k=(e_{ij}^k)$ 为 N_k 中所有边的集合；$L_k=(l_{ij}^k)$（$i=1, 2, \cdots, n$；$j=1, 2, \cdots, n$）为 N_k 中所有边 e_{ij}^k 上的权重，即这个网络中的流。

网络中的流（Flow）根据网络性质不同进行量化处理。一般基于社会网络分析进行人际网络的知识转移研究时，边是无权的，只能反映两个节点之间有无知识联系，无法度量知识联系的强度。上述超网络 S 模型则可以通过知识元网络 N_2 的统计分析来定量研究人与人之间的知识联系强度。这是超网络 S 模型的重要特性之一。

4.2.2 网络结构熵的定义

根据 Web 2.0 中知识网络自组织演化研究成果，知识系统演化遵循一种“序化”路径，从无序到有序、从平衡态到非平衡态，该过程中伴有状态的突变和涌现。系统论中，熵是有序度的对偶概念，被看成系统演化的核心标度，可以提供一种测度知识结构序化程度的可能性。因此，为了刻画企业知识系统的演进状态，需要定义一种网络结构熵。

将网络抽象为图 $G=(V, E, L)$，其中，V 是网络中所有点的集合，E 是网络中所有边的集合，$L(i, j)$ 代表节点 i 到节点 j 的边。参考谭跃进等（2004）关于网络结构熵的定义，首先计算第 i 个节点和第 j 条边的重要度分别为

$$I_i=\frac{k_i}{\sum_{i=1}^{N}k_i},\quad J_j=\frac{L_j}{\sum_{j=1}^{M}L_j} \tag{4-1}$$

式中，N 为网络中的节点数目，M 为网络中边的数目，k_i 为第 i 个节点的连接度，L_j 是第 j 条边的权重。

然后计算网络结构熵

$$E=-(\sum_{i=1}^{N} I_i \ln I_i + \sum_{j=1}^{M} L_j \ln L_j) \quad (4\text{-}2)$$

无论是企业博客、企业百科，还是人际网络，知识网络的有序度越高，表明网络结构越有利于知识的传播和共享，也越有利于知识协同的实现。针对知识系统的超网络 S，分别有 E_1、E_2 和 E_S 代表人际网络的结构熵、知识元网络的结构熵和超网络整体的结构熵。分别计算不同时点的这些网络结构熵，可以反映企业内员工之间网络结构变化情况、知识元网络的变化情况以及整个网络的序化情况。

4.3 基于超网络的企业知识协同自组织分析

4.3.1 企业知识系统的自组织分析模型

相对于生物自组织而言，经济自组织更多的是由过程内生驱动的，经济系统有意识的、前瞻性的行为使系统获得新知识和新技巧，从而避开“制度惯性”式的能量/熵约束和历史约束。在知识系统中，这种有意识的前瞻性行为就是知识治理，它代表了系统外部的“刺激与诱导”（和金生等，2008）（即竞争对手的压迫、基础科学的进步、法律制度的改变等）作用下的企业有意识的知识行为：营造知识交流的环境、建立知识共享的文化、制定知识转移的激励机制，从而影响 W-2 与 W-3 的联系，促进知识生态的形成与发展。如果把超网络 S 看成企业知识系统本身，则企业的“知识治理”就作为一种调节力量作用于该系统，影响着知识系统的自组织进程（见图 4.2）。

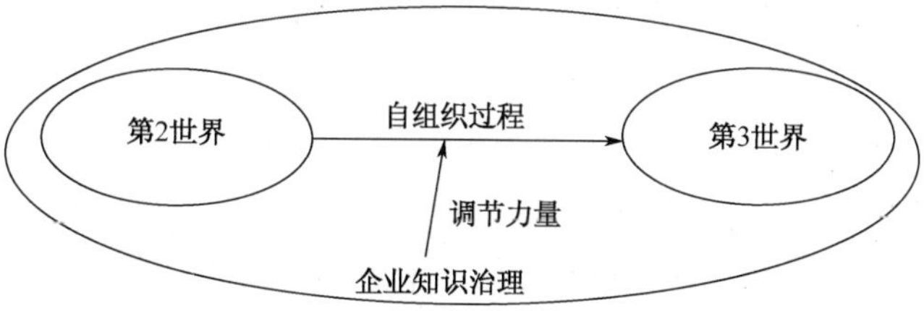

图 4.2　企业知识系统自组织与知识治理关系示意

假定 $H=(H_i，i=1，2，\cdots，n)$ 为知识治理行为，主要指知识治理所确定的制度、规则与秩序集合。企业知识系统结构化过程反映在知识网络结构熵的变化中。一般来说，知识治理促进了知识系统的熵减，以抵消知识系统自身产生的熵增，保持整个系统的熵减。设开放系统的组织知识熵方程为

$$R=R_H-R_k \tag{4-3}$$

式中，R_k 是知识系统自身产生的知识熵，一般为正值；R_H 是系统与环境相互作用而产生的知识熵，反映知识治理对知识主体动机和行为的影响程度。R 是企业知识系统的结构化指标，可以通过计算超网络 S 的网络结构熵 E 进行测算。

同时，定义 P 为企业知识协同的绩效，反映当前知识系统结构化与企业绩效的匹配度，以及知识治理的水平和成果。因此，可以认为 P 是知识熵的函数：

$$P=F(R)=F(E) \tag{4-4}$$

4.3.2 企业知识协同的自组织过程分析

内生的结构化过程不可能是一个确定性的、向有稳定的均衡属性的静态过程收敛的过程（Kurt，2011）。Prigogine 和 Stengers（1984）指出，如果用某种增长的同质化指标（Homogenous Measure）来度量结构化，那么，因自组织而发生的内生结构化可能会随时间的推移呈现一种特殊的轨迹。这条轨迹可以用 Logistic 扩散方程来表示，它呈 S 形，会向边界上的静止状态趋近。

1. 企业知识系统演化的 Logistic 扩散方程

Logistic 扩散方程是一种确定性的数学方程，经常用来刻画经济变量之间的关系，主要用于识别静止状态下导致系统走向新静止状态的转移过程的各种力量。自组织过程是一种非均衡的内生过程，其向结构不稳定性趋近的趋势，并不能确切地反映在 Logistic 扩散方程中。但是，如果研究目的并不是推理演绎，并且不做任何基本稳定性的评价，它仍然可以为结构化的某个平滑阶段提供抽象化表述。企业知识系统是一种经济系统，其自组织过程符合经济系统演化特征。为了描述企业知识系统从一个平衡态向另一平衡态演化的过程，以及在临界点涨落“涌现”的特性，认识知识协同演化的规律性，本书采用 Logistic 扩散方程进行刻画和分析。

考虑 Logistic 扩散方程的常见形式，设 X 为结构变量，如知识系统的网络结

构熵，它会随着时间的推移而不断演化：

$$X_t = X_{t-1}[1 + b(1 - \frac{X_{t-1}}{K})] + u_t \quad (4\text{-}5)$$

式中，b 是扩散系数或者称为结构化系数，K 是承载能力，u_t 是误差项。式（4-5）所确定的每单位时间内可以实现的结构化率为

$$\frac{X_t - X_{t-1}}{X_{t-1}} = b - b\frac{X_{t-1}}{K} + \frac{u_t}{X_{t-1}}$$

或者近似的有

$$\ln X_t - \ln X_{t-1} = b - b\frac{X_{t-1}}{K} + e_t \quad (4\text{-}6)$$

式中，$e_t = \frac{u_t}{X_{t-1}}$。

将式（4-6）进一步扩展后可得

$$\ln X_t - \ln X_{t-1} = [b(\cdots)][1 - \frac{X_{t-1}}{K(\cdots)}] + e_t \quad (4\text{-}7)$$

式中，b 和 K 本身也成了其他变量的函数。函数 b（…）中包含了影响扩散系数的各种因素，随着时间的失衡，它本身不再是一个常数。K（…）函数则考虑了能够扩展或收缩知识系统承载力极限的各种因素。一般而言，函数 b（…）中所包含的因素，其影响是“短期”的；而 K（…）函数中则包含了决定结构化能趋近的承载力极限的“长期”因素。

知识系统进入 Logistic 曲线的结构化阶段，它不稳定和发生不连续结构转换的概率就会增加，将 Logistic 扩散过程的基础参数内生化，有助于处理经济自组织过程。

2. Logistic 扩散方程的管理学意义

研究企业知识系统的协同演化，主要考虑两个问题：第一，哪些因素会影响系统的扩散率（或结构化率）？第二，哪些因素会影响结构化的临界点？进入函数 b（…）和 K（…）的因素取决于知识估值、交换和契约的存在性。

根据经济学理论，短期因素主要是经济性的、可度量的；长期因素主要是非经济性的、无法度量的。函数 b（…）中知识的相对价格和流量会在短期内影响系统的扩散率，而函数 K（…）中主要是企业知识系统的制度、文化和意识层面的变量。不可度量的变量的移动，如治理结构的变化、监管体系的变化，往往决

定了结构化可能会发生的时期；通过制度研究，可以识别较不重要的变化并确认其发生的时间，而这些变化也可以被表述为不同类型的“定性移动变量”。

通过式（4-7）可以进行企业知识系统演化进程的定量观察，首先进行数据计算以确认 Logistic 关系，然后把基础 Logistic 形式分离开来，以确认知识系统处于结构化的哪个阶段，并评估知识系统的结构在面临外部冲击时（企业竞争环境剧烈变化，从而带来知识系统的外部冲击）的稳定性。进入 Logistic 曲线饱和阶段的知识系统的结构会面临不稳定和结构间断的问题，识别系统该阶段的特性，有助于企业采取必要的措施避免结构间断带来的重点知识振荡，以调整政策帮助系统平衡过渡到知识系统的新状态。

第 5 章　知识协同与企业调动知识资本的能力

传统观点认为，企业所拥有的知识资源是创新的基础。然而，知识经济时代的企业创新，并不仅仅依赖于企业自身拥有的知识资源，而是其能够调动的知识资源及其知识整合能力。很多企业已经在利用 Web 2.0 技术构建自己的开放式创新网络，努力把客户、供应商、合作伙伴通过一个高度交互、动态的数字平台集成在自己的知识网络中，不断扩展可调动知识资源的范围和层次，并进一步促进内部知识发掘和外部知识获取，加强知识协同，促进知识创新，提升竞争优势。

虽然企业 Web 2.0 应用具有较多的成功案例，但总体上处于探索阶段，相关的理论研究也尚未能回答如何利用 Web 2.0 平台有效促进企业知识协同和知识创新的“why”和“how”问题。本书从企业创新的本质出发，通过对知识创新和知识协同理论、Web 2.0 应用特征的研究，进行了基于 Web 2.0 知识协同促进知识创新的理论分析，揭示了企业利用 Web 2.0 广泛调动知识资本实现企业创新的内在机理。众多标杆企业的创新实践表明，该创新机制是在互联网应用 Web 2.0 化、知识协作 Web 2.0 化的背景下，企业寻求创新突破的一种代表性的可选范式，为上述“why”和“how”问题的探究提供了一定的理论参考。

5.1　文献综述

5.1.1　知识视角的企业创新

目前，企业创新的研究多元且分散。较为普遍的认识是，企业创新是通过企业的结构、战略、文化、制度和管理方式等组织元素的变革，提高企业效益的有机变化过程（La，2005；吴际，2013）。企业创新研究主要包括两方面，一方面是作为独立变量，研究它与绩效、文化、学习、社会资本、技术创新、知识整合能力等之间的相关关系（Crossan 等，2010；Narayanan 等，2009；简兆权等，2008；陈劲，2013）；另一方面是其过程、模式和机制的剖析，其中涉及技术引进和创新协同机制（吴际，2013）、市场机制（任迎伟等，2008）、组织学习与知识管理机制（林山等，2004）等。主要的结论有：企业创新与企业绩效正相关；企业学习、知识管理与企业创新正相关，特别强调知识资源、知识整合能力等对企业创新的重要作用。

近年来，企业创新的主要模式表现为战略联盟、虚拟组织、网络组织、无边界组织等（曾宇容，杨静，2013），知识创新、外部知识获取能力成为企业创新的关键，特别强调隐性知识、异质性外部知识对企业创新及其竞争优势的重要性（Cunha et al，2013；Liao Shu-Hsien et al，2012）。

获取企业外部的异质性知识是企业创新的重要途径。March 和 Simon（1958）早已指出，大多数创新来自“借”而非“发明”，不断从外部获取知识对企业创新有显著推动作用。Rodan 等（2004）认为，创新本质是知识重组，重组的前提是异质知识的获取。企业网络中知识的多样性是社会网络影响个体创造力的重要变量之一，能够保证个体创造力的提升（Cross 等，2004）。企业的关系范围、所处网络类型对获取知识和信息的多样性正相关（Anderson，2008；Rowley 等，2000），紧密网络有利于企业改进型创新，稀疏网络有利于企业探索型创新。

发掘和利用隐性知识是企业创新的关键（游达明等，2014）。目前关于隐性知识的研究，重点在其显性化和共享方面（Suppiah 等，2011；李倩等，2014；肖振江等，2014）。郑作龙等（2013）指出，隐性知识本质属性决定其不能被完全形式化，其提出了“回到行动中理解隐性知识”的路径，具有新意。当前研究关注了组织创新中知识的重要性，却忽视了组织是由大量变化的子系统组成的，并最终集成和依赖于知识个体（Argyris，2010；Senge，2010），组织创新最终是由个体协同完成的。因此，知识个体充分利用企业知识资产，尤其是个体隐性知识和外部异质知识的集成、重组（即行动视域的知识协同），是组织创新的微观机制。

5.1.2　知识协同与知识创新

组织学习、知识管理均对组织创新有显著作用，知识共享、知识转移有较为完整的知识流程分析，但仍无法为知识创新提供足够解析（Cunha，2013）。知识协同是探索知识创新与组织创新的崭新视角。Karlenzig（2002）、Anklam（2001）等将知识协同定义为一种组织战略方法和知识管理的发展趋势。微观上，Leijen 和 Baets（2002）指出其目的是整合互补知识，以解决实践问题；宏观上，陈昆玉和陈昆琼（2002）认为，企业通过整合组织的内外部知识资源，使组织学习、利用和创造知识的整体效益大于各独立部分总和的效应，即“1+1＞2”。樊治平等（2007）综合提出，知识协同是以知识创新为目标，由多个拥有知识资源的行为主体（组织、团队、个人）协同参与的知识创造过程，具有将“合适的知识在合适的时间传递给合适的人”的功能。与知识转移、知识共享等概念存在显著的不同，知识协同特别强调知识、时间、空间等要素的综合性、准确性、动态性、增值性（陈建斌，2013；徐少同，孟玺，2013）。知识协作的“恰当性”和知识成果的“增值性”形成知识协同的核心特征，也赋予知识协同宏、微观双层视角的研究优势。

知识协同对技术和环境的要求较高，需要 IT 以及在线知识库、CSCW 等的支持（Lauric ct al，2006）。维基（Wiki）（陈立华，2005）、博客（Blog）（苏震，2006）均被认为是网络时代协同工作与知识共享的全新平台，具有定量测度知识增量和追踪知识协作的特性。雷宏振等（2013）进一步指出了利用 Web 2.0 的 Blog、Tag、Wiki 等进行知识协同的四个过程：知识可视化、Tag 聚类、知识重构与整合、知识创新。基于 Web 2.0 技术的知识协同，通过社会化协作平台方便地实现企业员工、客户、供应商和合作伙伴的虚拟聚集，能够通过情境化和可视化的知识协作发掘隐性知识和获取外部知识，实现知识协同，促进组织创新。

5.1.3　小结

企业的知识资源及其整合能力是企业创新的基础；企业外部知识的获取和内部员工隐性知识的挖掘是知识创新中的关键环节。知识协同是整合知识资源、实现知识创新的组织战略方法和核心机制，而 Web 2.0 应用增强了知识协同的可操作性和可实现性，具有重要的应用价值。但是，为什么 Web 2.0 应用能够促进企业创新？企业如何利用 Web 2.0 应用推动企业创新？现有的研究尚未能很好地整合相关理论揭示其中的内在联系，本章试图提出一个相对完整的理论分析框架，从企业调动知识资本能力的角度，概括和梳理社会化媒体平台特性、隐性知识挖掘、外部知识获取、知识协同、知识创新等核心要素之间的逻辑关系，试图回答其中的“why”和“how”问题。

5.2 社会资本视角的 Web 2.0 应用模式特征

5.2.1 Web 2.0 的一般应用特征

很多企业把 Web 2.0 的应用视作知识共享的有利条件，学者们从加强即时通信、提升沟通能力、Wiki 的使用与绩效等视角展开研究。田鹏等（2012）总结了国内对于 Web 2.0 环境下知识共享研究的四个方面，即 Web 2.0 的知识主体与知识特征、知识中介作用、知识服务模式、知识共享基础理论等，并把 Web 2.0 环境的特征总结为信息丰富性、主体的互动性以及知识可及性三种，认为这些特性对组织内成员间知识共享的绩效有显著增进效果。雷宏振等（2013）则认为，Web 2.0 的最大特征是强调交互与共享下的更多知识关联，从而产生更多的协同效应。

安德鲁·迈克菲（ Andrew P. McAfee）教授基于 Web 2.0 在企业中的应用模式，提出了“企业 2.0（Enterprise 2.0）”的概念，认为“企业 2.0 是公司内或者公司与其合作者或客户之间自然出现的社会软件平台”（Andrew，2011）。这个概念集中体现了 Web 2.0 技术在企业知识管理方面的应用特征：交互性、开放性、灵活性、适用性、集成性。

5.2.2 社会网络视角的 Web 2.0 应用

组织创新是个体知识创新的集成与涌现。以往对个体知识创新、个体创造力的研究大体可以分为两个层面：对个体属性特征“你是谁”变量的关注和对个体所处的情景变量，尤其是所嵌入的社会网络——“你认识谁”的关注，而且由于学科领域的距离缘故，两个层面的研究缺乏足够的对话（张华，张向前，2013）。社会网络为个体提供了获取知识的潜在机会，而这些机会能否转化为绩效还取决于个体的属性特征。拥有知识和能动性的个体，主导着对网络机会的挖掘、网络资本的利用、网络异质知识的获取，最终影响个体知识创新的结果。因此，有必要把“你是谁”和“你认识谁”进行集成的、一体化研究。但是，在传统创新研究模式和有限技术条件下，这种集成研究既缺乏理论成果，也缺少实践机会。

企业 2.0 主要是融合 Blog、Wiki、SNS、Tag、Mashup、RSS 等 Web 2.0 应用机制来构成企业平台解决方案，帮助企业加强协作，充分挖掘和分享知识，有效塑造企业群体参与式的创新环境，让企业员工之间、企业与客户之间相互交往中传统的固有模式和结构更加可视化、更加方便灵活。在这个协作平台上，每个用户是一个知识主体，用户之间的知识交流就形成了一个知识网络。这个知识网络有两层，一层是知识本身（知识元）之间的网络，另一层是知识主体（知识人）之间的网络，从而构成了“知识元网络”和“知识人网络”相结合的超网络模型，为“你是谁”和“你认识谁”相结合的集成研究提供了原型。

所谓“你是谁”，一般关注的是个体经历、人格特质、行为角色等，考察个体的认知能力、把握机会的能力和行动的策略等。由于技术条件所限，很少能关注到个体拥有的知识是什么。在企业 Web 2.0 网络中，知识用户的行为规律一定程度上反映了其个体特质，发表、讨论的内容则更准确地反映了其拥有的知识。因此，对超网模型中个体的挖掘，能够以个体行为属性和知识属性二维地描述出“你是谁”这个变量。

所谓“你认识谁”，从社会网络视角来看有结构和关系两个维度，结构主义强调“你”在社会网络中的位置、地位，关系主义强调成员间的联系、个体属性与连接对象的特征。随着实践社区与知识管理理论的深入发展，以及社会网络理论的普及，人们已经认识到，知识创新根源于人与人之间的交流、互动过程。也就是说，“你认识谁”与“你是谁”一样重要，都是影响知识创新的重要变量之一。在企业 Web 2.0 的超网模型中，知识个体之间的互动、交流构成了“知识人网络”，知识主体之间交流的内容、特征、频率等是关系主义关注的内容，网络结构特性包括强弱关系、结构洞、中心性等是结构主义关注的内容，因此也较为全面地描述了“你认识谁”这个变量。

因此，从社会网络视角看，企业 Web 2.0 不仅仅是应用层面的动态交互性、灵活开放性、集成适用性，也不仅仅是知识协作层面的知识可及性、主动互动性，更为重要的是在知识网络层面，可视地描述了知识主体的内容特性、行为特质（“你是谁”变量）和主体之间知识联结的对象、联结的特征、整体网络结构等（“你认识谁”变量）。

5.2.3 社会资本视角的 Web 2.0 应用

前已述及，社会资本（Social Capital）最初被定义为个体利用社会关系网络获取外部资源的一种能力。此后，其概念和范围延伸至团体、企业、区域、国家等层面，强调它是内部成员通过社会机制获得的一种联合行动能力。无论微观还是宏观层面，社会资本都具有资源动用能力和社会关系网络嵌入性两个关键的特征。据此，本章认为一个企业的社会资本是指嵌入企业的社会关系网络中、通过关系网络可获得的、来自关系网络的资源集合体，代表了企业获取和交换资源的能力。

企业通过基于 Web 2.0 技术的应用系统，能够与员工、客户、供应商、合作伙伴等建立可视的知识网络和知识协作关系，实质是建立了一个知识资源的集合体。企业并不完全拥有这个集合体中知识资源的所有权，但却可以充分使用这种活跃的知识资本，符合知识经济时代“不求所有但求所用”的特性。从这个意义上讲，企业创新的知识资源基础，并非它所拥有的，而是它能够调动的。企业应用 Web 2.0 平台越成熟，其能够整合的知识资源越丰富，其知识创新和企业创新的空间越大，绩效越明显。因此，从社会资本的视角看，Web 2.0 应用本质上是企业社会资本在知识层面的直观反映，既增强了企业知识资源的多样性，也提升了企业知识资本调动能力的延展性。

上述基于技术、应用、知识协作、社会网络和社会资本等多层视角的特征分析，归纳后如表 5.1 所示。

表 5.1　Web 2.0 应用特征总结

关注的层面	要素及关系	特征
技术层面	技术特点	Blog、Tag、Wiki
应用层面	用户个体	动态交互性、灵活开放性、集成适用性
知识协作层面	用户与用户及其关系	信息丰富性、知识可及性、主体互动性
社会网络层面	多用户网络关系	社会网络的关系、结构，你是谁，你认识谁等变量
社会资本层面	知识资本及其调动能力	知识资源的多样性和广泛性，知识资本调动能力的延展性

5.3　Web 2.0 条件下的知识协同实现

前已述及，知识协同宏观上强调创新、增值，微观上强调协作有效性和准确性。研究表明，Wiki、Blog 等 Web 2.0 应用是良好的知识协作平台。作者认为，这种基于社会网络的知识协作具有典型的知识协同特征。具体来看，知识需求者发起知识协作请求，并在其社会网络中传播，如果恰好有人能够提供协作，就成为知识提供者，知识主体、客体、时间和环境综合一体。知识主体本身的知识及其提出的问题，决定了这次知识协同的内容；其所处的社会网络，决定了解决问题的效率、质量和协作对象特征。两者知识恰当的组合、集成，产生了新知识，实现了知识资本增值；两者的互动增进了信任、拓展了知识，为以后的协作奠定了基础，实现了社会资本增值。

这种基于 Web 2.0 平台的知识协同，能够有效解决知识管理中两个重要的难题，一是隐性知识的发掘问题，二是外部知识的获取问题。

5.3.1　隐性知识的发掘

隐性知识及其转移、共享一直以来是知识管理及知识工程关注的焦点（Joia，2010）。Polanyi（1966）最早提出了“默会认识（Tacit Knowing）”的概念以及哲学假设：“我们所说的不及所知道的（We Know More Than We Can Tell）”，推理了隐性知识的存在及其属性。Nonaka 和 Takeuchi（1995）认为隐性知识是“嵌入个体经验中的知识，包括个人信条、价值体系和感知等无形因素”，Hutchins（1995）进一步指出隐性知识的许多属性不能通过单独个体而须通过组织社会化方式（如成员在情景实践活动中交互作用）才能充分体现，更精确地讲是通过“社会—技术”相互纠葛、融合（Socio-Technical Imbroglio）的方式来体现。Howells（2002）也指出隐性知识是“非编码化、外显于身体的专门知识（Know-How）”，必须借助非正式、密切交往的学习过程才能获得。

很多知识管理方面的研究聚集于“隐性知识显性化”，总是希望通过一定的技术手段或管理措施，促进隐性知识向显性知识转移。但从实际效果来看，被转化后的隐性知识失去了情景依托，被学习、利用的成本也是较高的。因此，无法通过标准化、形式化等线性方式有效实现隐性知识共享和转移。隐性知识只有通过组织化、社会化、学习过程才能表征、获得，这种特性意味着必须让拥有隐性知识的专家参与到解决问题的过程中。郑作龙等（2013）基于行动视域的研究指出，隐性知识具有涉身性、情景性、实践过程性、意向功能性等特性，在现有技术不能对情境进行模拟的情况下，回到实践情境或以社会化方式可能是领悟、习得和共享隐性知识的一种合理路径。

基于 Web 2.0 的知识协同，能够有效解决隐性知识的发掘问题。当一个知识请求者在社交平台上发布信息时，并不确定哪个同事或朋友是知识提供者，但社会网络的流通性能够使潜在知识提供者发现求助信息，既定的激励机制能够激发知识提供者的主动参与；知识请求者与提供者在高度情景化、实时交互性的平台上，通过主体间频繁的知识和信息交流实现问题描述和情景再现，能够激发主体潜在隐性知识的发掘与利用，实现了多主体知识的集成与重组，生成了新的解决方案。因此，Web 2.0 平台在“我是谁”和“我知道谁”两个关键变量的共同驱动下，实现了有效的隐性知识发掘利用。

5.3.2 外部知识的获取

外部知识获取是企业通过外部学习从顾客、供应商、竞争者以及各种合作伙伴等外部关系中获取新知识的过程。开放式创新理论认为，企业外部知识与内部知识同样重要，企业只有不断整合内外部知识，才能适应不断变化的外部商业生态环境。Cassiman 等（2006）对创新型制造业的实证研究表明，企业在外部市场获取知识和组织内部共享知识是企业吸收创新资源的重要方式。Liao 等（2010）对知识密集型企业的研究也得到了同样的结论，认为知识获取对企业的创新能力有着重要影响，同时知识获取在企业的吸收能力和创新能力之间起着调节作用。Taylor 和 Greve（2006）认为多样性、异质性的知识更容易产生前沿思想和新颖组合，有利于对新信息和新变化的感知，从而提高企业寻求高端技术和市场潜力的能力。在外部知识与内部知识之间，更有学者认为外部知识更为重要，因为引进异质的外部知识有利于激发内部潜在的知识及其不同创新组合，发挥着催化剂的作用。

很多国际企业虽然拥有自己强大的研发部门和高素质的专家团队，但也十分重视外部知识的获取。根据 IBM 对全球 CEO 的一项调查研究发现：来自内部研发部门的创意只排倒数第三位，而跨部门员工、合作伙伴和直接客户贡献的创意排在前三位（见图 5.1）。因此，如何激发和收集来自多渠道的创意成为提升企业创新能力的很大挑战。Web 2.0 时代，从企业外部获取创新知识的典型模式是“众包”，其核心是与用户共创价值的理念，正如宝洁公司负责科技创新的副总裁 Larry Huston 指出，“我们的做法是从外部吸引人才的参与，使他们参与到这广阔的创新与合作过程。”在“众包”模式的排行榜上，亚马逊、宝马、标致、宜家等全球企业位列其中，都在利用最新技术充分挖掘客户智慧，践行着客户参与、共同创造、社会生产的新理念。

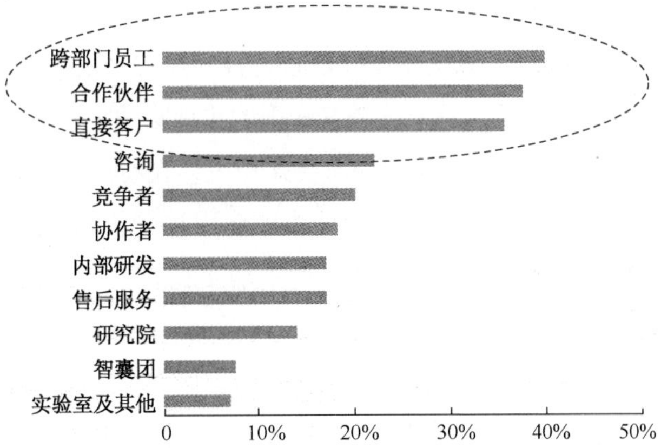

图 5.1　IBM 创意贡献排名的调查

中小企业更需要注重对市场信息的敏捷监控，在与客户协同中创造价值。刘景东和党兴华（2013）对中国高技术企业的研究认为，当企业在知识宽度足够“宽”时，内部知识共享能力是创新关键，当企业知识深度足够“深”时，外部知识获取能力则更为重要。传统的技术创新范式是内敛的，主要依赖自身的创新积累，即 Chesbrough（2003）所称的封闭式创新（Closed Innovation）。按照这种模式，企业知识或技术更新，尤其是高技术含量的技术诀窍和深度创新，需要长周期的积累才能实现。这对于那些在知识经济时代大量存在的中小企业并不适用。随着全球进入技术快速更新的知识经济时代，中小企业对于外部知识的需求远远高于大型企业，它们的生存与发展更多地依赖于所处的社会网络和社会资本。知识联盟、网络企业、创新网络等组织形式，为中小企业的发展提供了良好机遇（任慧，2011），而 Web 2.0 等信息技术的支撑，使柔性的创新型小企业能够提升其促进大量网络用户外化其隐性知识的能力，保障竞争优势（员巧云，2013）。

5.4 基于 Web 2.0 知识协同的理论分析框架

Hargadon 指出建立在全新知识基础之上的突破性技术只是少数，更多的是对现有知识的重新集成，当原本被忽视的知识链接发挥作用时，零散的、缺乏联系的知识模块可能会立即焕发出创新活力，具有更为明显的新颖性。更进一步，Nerkar 认为对现有知识的重新集成同样是独特性和新颖性的重要来源。知识创新的本质就是知识重组。但是，无论是现有知识的重新集成，还是新旧知识的有效链接，都需要知识主体的主观能动性，需要知识主体在特定情境下的充分交流与互动，需要异质知识的刺激、知识整合能力的应用和创新思维的发挥。Web 2.0 应用的平台特性提供了知识主体自主参与、主动交互的机会，具有高度的自组织特性，有力地促进了知识重组。

因此，基于 Web 2.0 的知识协同促进知识创新的实质，是以企业内外知识资源及其联系所构成的知识资本为基础，以网络平台特性提升外部知识获取能力和隐性知识挖掘能力，最终推进知识创造能力的一个集合体，是企业调动知识资本实现创新的综合反映。

5.4.1 平台特性

传统的信息与知识流动是“管道模型”，即流动路径有确定的节点和既定的次序，知识的碰撞总是发生在有限主体和有限环境。管道中任何一个节点失效，都会影响到知识流动的整体绩效。Web 2.0 的平台特性，打破了这种“管道”式的串行、规范传递模式，信息能够在一个跨越组织边界、融合多种主体、范围无限扩展的社会网络中以指数速度传递，多样化、异质性的知识碰撞概率大大提高，知识协同的数量和质量就有了全新的效果。

因此，Web 2.0 平台特性主要包括社会网络传播、知识主体自主性、知识系统自组织性。

5.4.2 知识资本

企业的知识资本指知识资源及其社会网络关系。Web 2.0 应用系统首先实现了多样性、异质性知识资源的集成，包括显性知识资源（存储在系统内的多媒体数字资源，如百科、微博等内容）和隐性知识资源（应用该系统的知识工作者，包括内部员工、客户、供应商等各类知识主体）；其次，Web 2.0 应用系统实现了社会网络关系的有形化和具象化，能够深度描述“我是谁”、“我认识谁”等网络变量及其之间关系的强弱。该系统提供了知识资源之间进行协作的基本平台，知识资源或知识主体的关系构成了无形的资本性资产。由于知识的特殊性，知识资源之间的联系，往往比知识资源本身的多寡更重要。

因此，Web 2.0 系统的知识资本特性具有知识资源的多样性、异质性，网络关系具象化。

5.4.3 知识协同的实现

Web 2.0 系统在整合知识资本的基础上，进一步促进了企业获取外部知识能力和挖掘隐性知识能力的提升，从而促进了知识协作效率、知识协同效果，推动了知识协同绩效。

1. 隐性知识挖掘

隐性知识并非完全不可编码，但编码后的知识会损失大量背景信息，知识价值大打折扣。对隐性知识的研究重点，可以从“如何编码”转向“如何利用”。社会化媒体平台为实时的知识协作提供了可能，也营造了一定的知识情景，能够激发知识主体隐性知识的涌现与碰撞。

2. 外部知识获取

客户、供应商等外部知识源对企业创新极为重要，而社交网络平台通过虚拟空间和数字沟通，为保留客户、实时沟通、获取知识提供了便捷。

3. 知识协同绩效

在隐性知识挖掘、外部知识获取的共同支撑下，企业实现了内外知识的充分互动和碰撞，知识协作数量和质量大幅提升，实现了知识资本和社会资本的增值。

5.4.4 Web 2.0 知识协同促进知识创新的理论分析框架

综合以上分析，本书提出了以“提升企业调动知识资本能力延展性”为核心的 Web 2.0 知识协同促进知识创新的理论分析框架，如图 5.2 所示。

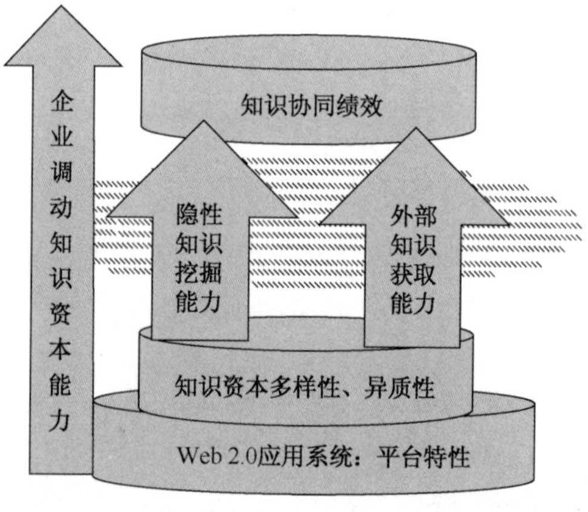

图 5.2 Web 2.0 知识协同促进知识创新的理论分析框架

5.5　小结

组织创新的核心追求是知识创新。具有一定关联度和差异性的知识，是实现知识创新的必备条件。无边界企业、虚拟组织、战略联盟、供应链合作等组织形式的变革，本质上就是为了获取企业内外具有一定关联度而又异质、多样的知识，从而促进创新的实现。知识协同以问题驱动知识协作，有效获取外部知识和发掘隐性知识，促进知识创新，强调情境性、恰当性、动态性、增值性，具有宏微观综合研究优势。

企业应用 Web 2.0 的定位是敏捷合作与知识协同，推崇自下而上的管理理念、分散的管理模式、扁平化的组织结构和广泛的用户参与，其本质是企业调动知识资本能力的延展与扩充。恰当的管理理念、制度、文化与 Web 2.0 技术匹配，是创新关键。组织创新需要遵循知识协同的理念，运用 Web 2.0 技术突破企业边界，激励员工与客户的知识协作，获取异质知识，填补知识缺口。

下篇　服务外包知识协同分析

第 6 章　我国服务外包产业知识创新现状

6.1　产业规模与结构

全球的服务外包产业规模呈现快速增长状态，离岸外包市场不断扩大。据IDC数据，2012年全球离岸服务外包市场规模为1217.2亿美元，同比增长18.6%。全球离岸服务外包市场份额，ITO占53.3%，BPO占21.9%，KPO占24.8%。以美国、欧洲、日本等发达国家为主要发包国，2012年来自这三个市场的发包总额占全球的88%。

- 美国离岸服务外包市场规模为754.8亿美元，同比增长18.8%，ITO、BPO、KPO分别占55.8%、21.4%、22.8%。市场呈现资源全球化配置、管理体系成熟、产业服务完善的特点。
- 日本离岸服务外包市场规模为107亿美元，同比增长22.9%，ITO、BPO、KPO分别占37.8%、31.0%、31.2%。市场采用“金字塔”形外包模式，企业重视在国外设置研究机构。
- 欧洲离岸服务外包市场规模为209亿美元，同比增长17.8%，ITO、BPO、KPO分别占52.1%、21.7%、26.2%。“近岸转移”交易模式是欧洲市场的主要特点。
- 以印度、中国为代表的新兴经济体作为主要接包国的全球离岸服务外包格局基本形成，共承接全球离岸服务外包市场的85%以上。

6.1.1　全国服务外包产业总体情况

1. 业务规模迅速扩大，国际市场份额稳步提高

2008—2012年，我国国际（离岸）服务外包执行额由46.9亿美元增长至336.4

亿美元，年均增幅超过 60%。占全球离岸外包市场的份额由 2008 年的 7.7%增长至 2012 年的 27.7%，提高了 20 个百分点，跃升为全球第二大服务外包接包国。

2013 年 1～10 月我国共签订服务外包合同金额 648.1 亿美元，同比增长 41.6%；执行金额 456.6 亿美元，同比增长 34.1%。其中，承接国际服务外包合同金额 452.5 亿美元，同比增长 42.5%；执行金额 323.4 亿美元，同比增长 36.3%。

2. 企业数量快速增长，吸纳大学生就业成效明显

2008—2012 年，服务外包企业由 3302 家增至 21159 家，增长 5 倍多，平均每年新增企业超过 4000 家，其中，新创业企业近五成。规模超过 5000 人的企业有 7 家，其中 5 家万人以上企业。文思海辉技术有限公司员工总数已经达到 2.4 万人。合同执行金额 1000 万美元以上的企业数量由 2011 年的 16.1%上升至 18.6%，合同执行金额 1 亿美元以上的企业数量由 0.7%上升至 3.1%。以 ITO 为主营业务的企业仍然是主力军，但所占企业总数的比重由 2011 年的 71.6%降至 2012 年的 66.7%。从事 KPO 的企业由 2011 年的 23.1%增至 30.2%。中国服务外包企业的客户市场，主要来自政府及公共服务领域，其次是制造业、电信、金融等领域。

截至 2012 年年底，服务外包产业吸纳从业人员数量由 52.7 万人增长到 428.9 万人（平均每年新增就业 80 万人），其中，大学毕业生 291 万人，占比为 67.8%。参照国际经验数据测算，我国服务外包产业已间接带动 1400 多万人就业。

2013 年 1～10 月，我国服务外包新增从业人员 73.8 万人。截至 2013 年 10 月底，我国共有服务外包企业 23787 家，从业人员 502.7 万人，其中大学（含大专）以上学历 339.2 万人，占从业人员总数的 67.4%。

3. 业务结构逐步优化，多元并进格局逐步显现

产业结构从初期的软件编码、程序测试，发展到以信息技术外包为主体，金融外包、医药研发、流程管理、工业设计等多元并进格局，业务结构逐步优化。2013 年 1～10 月，信息技术外包（ITO）、业务流程外包（BPO）和知识流程外包（KPO）占比分别为 54.3%、13.8%和 31.9%，知识流程外包业务继续迅猛增长。

高端业务稳步增长态势明显。以 2012 年数据为例，在 ITO 离岸业务中，软件研发外包执行金额达 128.1 亿美元，信息系统运营维护外包执行金额 40.6 亿美

元，占比分别为 67.9%、21.5%；BPO 业务主要集中在金融后台服务、人力资源外包、财务外包、呼叫中心外包、物流与供应链管理外包等领域。在 BPO 离岸业务中，企业业务运营服务、企业业务流程设计服务和企业供应链管理服务离岸执行金额分别为 15.9 亿美元、12.7 亿美元和 12.4 亿美元，占比分别为 30.6%、24.4%和 23.9%；KPO 业务主要集中在工业设计、产品技术研发、医药和生物技术研发和测试等领域。

新兴技术推动业务转型。在中国服务外包研究中心组织的企业调研中，84.9%的企业表示对云计算技术十分关注，39.6%的企业开始研究大数据和移动互联技术，30.2%的企业在思考物联网技术的应用，另外有 15%左右的企业关注新媒体、社交网络等。

4. 离岸在岸协调发展，在岸业务持续增长

2012 年，中国承接离岸服务外包执行金额稳步增长，占全球离岸市场比重达到 27.7%。服务外包业务以美、欧、日、中国香港为主要市场，2012 年分别承接了 89.4 亿美元、54.6 亿美元、48.3 亿美元、33.9 亿美元，占比分别为 26.6%、16.2%、14.4%、10.1%。在前十大业务来源地中，来自中国台湾、韩国等地区的发包业务增速超过 50%。

2012 年，在岸服务外包业务执行金额达到 129.3 亿美元，同比增长 51.1%，超过了离岸业务执行额的增长速度。目前，中国本土市场开放最快的是金融和电信市场，未来包括能源、钢铁、航空、交通等行业大型企业和政府、公共服务等部门都将加快释放外包业务，在岸外包将进一步得到发展。

5. 示范城市发挥带动作用，集聚效应显著

2009 年 1 月和 2010 年 2 月，国务院先后认定了北京、上海、天津等 21 个中国服务外包示范城市。商务部会同相关部门，综合运用相关支持政策措施，全力支持示范城市发展。截至 2012 年年底，21 个示范城市共有服务外包企业 14899 家，从业人员 312.8 万人，企业获得认证数量 7151 家，分别占全国的 70.4%、72.9%、71%，承接离岸外包合同执行额 305 亿美元，业务规模占比超过 90%，凸显集聚和带动效应。在示范城市带动下，全国另有 12 个城市申报示范城市。

截至 2012 年，各示范城市认定的服务外包示范区总计约 164 个。其中，上海、杭州、无锡、南京、苏州五个示范城市服务外包园区总量达 48 个，占全国服务外包示范园区总量的近 30%。园区成为产业发展的主要功能载体，拥有良好的生态环境，基础设施配套完善，集聚了一批具有较强影响力和创新活力的服务外包企业。园区在运行机制和管理服务方面不断创新，园区发展环境进一步改善，功能进一步提升，品牌特色效应显著。园区出台相应政策措施进一步加大信息案例和知识产权保护力度，进一步加强公共服务平台建设。

6. 政策支持体系日益完善，产业治理日见成效

2009 年以来，以国务院《关于促进服务外包产业发展问题的复函》（国办函〔2009〕9 号）为标志，国家先后出台了 30 多项鼓励服务外包发展的政策，从财政资金、税收优惠、人才培训、平台建设、海关监管、特殊工时、知识产权保护等方面，有力地促进了服务外包产业的发展。2012 年，各级政府加强落实国家政策，进一步完善地方配套政策。同时，进一步加强对知识产权的保护。

2012 年，中央政府发布的服务外包产业发展相关政策文件主要包括：《中国国际服务外包产业发展规划纲要（2011—2015）》（商服贸发〔2012〕431 号）、《关于做好 2012 年度承接国际服务外包业务发展资金管理工作的通知》（财企〔2012〕165 号）、《关于“十二五”期间金融支持服务贸易发展的意见》（商服贸发〔2012〕86 号）。财政部和商务部继续安排承接国际服务外包业务发展专项资金，对承接国际服务外包的相关业务给予资金支持。

公共服务平台建设实现从硬件设施建设向软件配套（信息、技术、人才、宣传、融资、知识产权服务等）完善过渡。公共平台的专业特色更加鲜明，功能性增强。部分示范城市开始搭建服务外包交易促进平台，北京市服务外包交易促进平台已吸引会员企业 100 多家，上海市正在积极筹建国家服务外包交易平台。

2013 年 4 月，在《国务院办公厅关于进一步促进服务外包产业发展的复函》（国办函〔2013〕33 号）中，国务院进一步明确了服务外包政策的延续性：延续并完善示范城市发展服务外包的政策措施，加快国际营销网络建设，促进服务外包离岸在岸协调发展，完善服务外包产业发展环境，原则同意《中国服务外包示范城市综合评价办法》，指出商务部要会同相关部门进一步加强对地方发展服务外包产业的指导与服务，对相关政策措施落实情况进行督促检查，切实推动我国服务外包产业健康发展。

6.1.2　北京市服务外包现状

1. 继续保持强劲的增长态势

2013 年 1～10 月，北京市在商务部“服务外包业务管理和统计系统”上登记的离岸服务外包合同执行金额达 30.67 亿美元，同比增长 22.2%。其中，信息技术外包（19.87 亿美元）、业务流程外包（5.74 亿美元）和知识流程外包（5.06 亿美元）执行金额占离岸服务外包执行总额的比重分别为 64.8%、18.7%和 16.5%。发包额居前 5 位的国家为美国、芬兰、日本、新加坡与爱尔兰。

2. 产业结构不断改善

从业务结构看，ITO 仍然是北京最主要的业务形态，但较 2011 年占比 73.43%而言，比重降幅较为明显；而 KPO 业务正在迅速兴起，从 2011 年 KPO 占比 14.44%到 2013 年的 16.50%，与 BPO 业务合计占比接近 40%。

从产业聚集角度看，海淀区和朝阳区占据了北京离岸外包市场规模的 80%。从企业分布角度看，北京大中型企业创造离岸收入的 82.7%。收入超过 1 亿美元的大型企业达到 4 家；中型企业的数量为 48 家，新兴企业 70 家，数量增幅为 55.6%。从服务外包机构性质分布看，跨国服务外包机构市场份额占到了近 84%。与 2010 年相比，2011 年本土服务外包提供商的数量占比有所上升，占到了 55.2%，主要原因是 2011 年产生离岸外包收入的本土服务提供商大幅增加。

3. 企业逐步走向成熟

北京服务外包企业竞争力保持国内领先地位，全球服务外包 100 强中北京入榜企业数量居全国第一位。在 2011 年 IAOP 的评选中，进入全球 100 强的中国服务外包企业达到了 10 家，其中总部位于北京的企业达到了 5 家，曾经上榜的 13 家中国企业中总部位于北京的企业就达到了 7 家，超过了一半。

中国服务外包领军及成长型企业、在华十大全球服务供应商榜单中，北京企业占绝对多数。2012 中国服务外包十大领军企业名单中北京的企业占到了 5 家、百家成长型企业名单中北京占到了 20 家、十大在华全球服务供应商名单总部位于北京的占到了 5 家。

领先的北京服务外包企业正在与国外客户形成长期合作关系；依靠核心技术开拓市场、走向高端。目前，北京领军企业初步形成离岸现地交付能力，并正在积极推进海外资源并购，获取新技术，开拓新市场，构建新能力。

北京未来的定位是成为全球服务外包交易中心。北京服务外包产业未来的增长机会包括：云计算可能成为北京服务外包产业未来重要增长点；移动商务的爆炸式增长，给北京服务外包企业带来了新的机遇；对日离岸数据中心建设，给北京带来了重要商机；产品智能化——北京将大有可为。

4. 人才培训方兴未艾

北京市服务外包人才的培训有如下几个特点，一是校企合作向纵深拓展，北京联合大学培训中心，中软国际教育科技有限公司都进行了有益的实践。二是企业自办培训方兴未艾。文思创新培训模式、海辉亚思晟实训中心提供了成功的案例启示。三是呼叫中心人才的培训前景看好。联想阳光雨露进行了成功的探索。

6.1.3 我国服务外包产业发展趋势

2013 年是服务外包产业大变革的一年，其中主要有美国离岸外包业务回流及萎缩、日元持续贬值压缩对日外包利润空间、人力资源及运营成本快速上升、“大物移云”等新兴技术革命、人才缺口、政策到期及价格战等一系列问题。在此多重压力下，我国服务外包产业度过了尤为艰难的一年。

2014 年，随着离岸外包市场趋于稳定，十八大之后的政府改革又为产业注入了一剂强心针，我国服务外包终于迎来新的历史机遇，产业发展有望打开全新的局面。不过与此同时，随着产业变革的持续深入发展，跨界融合趋势愈演愈烈，外包会越来越广泛，服务外包的内涵及外延将进一步被拓展以及重新定义，服务模式、交易模式、商业模式都将呈现重大变革，产业被迫升级趋势下广大服务外包企业也不可避免地要面临升级变革之痛。

在此背景下，有研究机构对我国服务外包产业发展进行了若干预测，其中主要的预测如下。

1. 跨界融合的趋势将在 2014 年更加明显

服务外包与云计算、大数据、物联网、移动互联等技术的融合，与互联网、IT 和电子商务等关联产业的融合，与制造业、金融、电信等垂直行业的融合，都在冲击着服务外包产业发生根本性的变革。服务外包行业内也已经不再仅仅是传统外包商之间的竞争，Google、Amazon、SAP 等互联网及 IT 巨头都在利用新技术提供服务，试水服务行业，加入服务外包产业竞争中。激烈的市场竞争将带来更加惨烈的价格战，同时整体产业格局或将全面重组，最显而易见的体现就是这些大型企业的加入将改写服务外包 TOP 企业名单。

在跨界融合趋势的影响下，企业服务软硬结合的一体化趋势也将更加明显，诸如 HP 并购 EDS，戴尔并购毕博和佩罗，施乐并购 ACS 等系列并购案例，进一步证明了在终端客户需求变迁下，服务的一站式和综合性发展。服务的产品化和产品的服务化成为跨界融合趋势的两个核心特征，服务外包产业边界变得更加模糊，传统的服务外包产业定义正在被改写，智慧服务业、新科技服务业、现代服务业……众多咨询机构和行业专家纷纷尝试用一个新的词语来为产业正名，进而推动产业发展及提升公众认知度。

2. 离岸外包市场依旧增长乏力，但是最艰难的时刻已经过去

进入 2014 年，尽管位于调整期的全球离岸市场依旧增长乏力，但是最艰难的时刻已经过去。作为全球最大的发包市场，美国对华离岸外包将在贸易保护主义及政治要素的干扰下继续保持稳定而有限的增长。同时，日本经济将随着申奥成功、日元贬值触底等要素而有所好转，中日经济高度的相互依赖性决定了对日外包的稳定性。并且，2013 年数据表明，欧洲、中国台湾地区等新离岸发包地区将成为新的增长点。

此外，上海自贸区的成立为我国服务外包产业，尤其是离岸外包提供了新的契机和机遇，包括引领服务外包的领域拓展，发展途径、商业模式、制度和政策体系创新，加强离岸金融等配套支持吸引产业聚集，创新我国对外投资服务促进机制，推动企业“走出去”，创新监管手段和监管模式，等等。因此，自贸区的设立将成为我国离岸外包业务发展的一个新动力，并在 2014 年推动我国新一轮离岸市场的稳步增长。

3. 在岸外包市场增长迅猛，但是价格战愈演愈烈

在离岸外包市场增长有限的境况下，有越来越多的外包企业先后将关注点转移到国内市场，从而推动我国在岸服务外包业务的迅速发展。尤其是十八大三中全会之后，国家经济重心转移，本土服务外包发展将于 2014 年开始迎来更加令人欣喜的增长。随着从投资拉动增长转为消费拉动增长，从东部经济升级到中西部大开发建设，政府改革以及生态文明建设等重点改革方向的确定，将极大地带动我国消费品行业、医疗行业、低碳经济、城镇化建设和政府等领域的外包市场空间的挖掘和释放。

但是，受社会认知度较低，作为发包主体的国有企业和政府机构外包动力不足、就业压力大，管理体系复杂等原因影响，我国庞大的本土市场潜在需求距离全面爆发还存在一定的距离。同时，由于我国本土发包市场相对极不成熟，收费方式、定价标准、服务流程等都缺乏统一或者成熟的标准，整体市场仍然是以发包商为主导的买方市场，因此压价和价格战等现象都相对较为严重，这将是未来一段时间内困扰服务商的核心问题。

4. 云计算和移动互联成为 3.0 时代产业发展的关键驱动力

以 IT 技术为关键特征和基础的服务外包产业，发展迄今已经经历了两次升级，每次重大的技术变革都同样带来服务外包行业的变革。自 20 世纪 60 年代起步，到 80 年代末为第一阶段，也称产业 1.0 时代，以信息技术（IT）的蓬勃发展诞生了以 IT 为基础的新型服务，印度最早的外包定义为 ITES（IT-Enabled-Service）；20 世纪 90 年代，以互联网的诞生和发展为标准，出现了服务外包行业的第一次大变革，进入产业 2.0 阶段，离岸外包成为最大的产品和核心特征，印度对应称之为 IT-BPO；自 2010 年开始，随着以云技术为代表的第五次 IT 革命的出现，“大物移云”等新技术革命带领服务外包行业进入第二次大变革时代，服务外包进入 3.0 时代，印度称之为 IT-BPM。

而随着“大物移云”等新兴技术的普及、应用和变革，服务外包的 3.0 时代特征将变得愈发明显和成熟，交易模式、交付模式、服务模式和定价模式都发生了重要变化。其中，云计算和移动互联网成为 3.0 服务外包发展的关键驱动力，同时也是服务外包企业实现技术升级的关键要素。

5. 产业的变革升级与梯度转移同步推进

进入 2014 年，我国服务外包产业在地区发展层面将呈现产业的变革升级与梯度转移同步推进的特征，不仅二三线城市将成为服务外包产业发展的热点地区，同时一线城市也将重回产业发展的核心。随着新兴技术革命的深入发展，服务外包企业的业务升级过程对于中高端人才以及投融资环境等提出了较高的要求，因此，具备高端人才聚集优势、成熟的产业环境以及卓越研发创新能力的一线城市成为本轮产业升级的核心地区，引领产业的分工协作和升级趋势。

同时，迫于国际市场的乏力增长以及国内成本不断上升的双重压力，服务外包企业到二三线城市去的产业二次梯度转移热潮将持续。同一线城市形成明显对比的是，梯度转移将以 1.0 业务，即成本导向型业务的剥离和转移为核心。同时，随着国家中西部开发及城镇化建设规划的实施，战略布局和市场培养开拓也将成为本轮产业梯度转移的另一个鲜明特征。因此，二三线甚至是四线城市和地区也将成为新一轮服务外包产业增长、发力以及“跑马圈地”的热点。

6. 产业园区的发展进入“智慧”运营时代

作为产业发展的物理载体及环境缔造者，服务外包产业园区“九通一平”的时代已经过去，园区的发展已经打破了传统意义上的物理园区并仅仅承担经济发展职能的局限，而是打造具备高势能优势的现代科技都市，具有高价值的品牌，高素质的人才资源，高增值能力和高回报率的巨额金融资本，以高价值的“财富”要素为驱动的城市功能和产业功能的完全融合。产业园区的发展进入 4.0 的城市化发展和智慧运营阶段，并将成为集社会化、数字化和生态化趋势“三位一体”的立体化园区。因此，自 2014 年起，智慧城市方案将进一步落实到产业园区的建设和运营领域，而智慧园区的建设将有力推动园区社会化、数字化和生态化的发展趋势，推动园区的智慧成长。

6.2　产业优势与特色

经过十多年的快速发展，我国服务外包产业已经完成初期培育任务，进入了成长、成熟阶段，表现了较为明显的优势与特色。

1. 政策支持体系日趋完善

我国陆续出台了包括财税、人才培训、大学生就业、特殊工时、海关监管、电信服务、金融支持、知识产权保护、投资促进等 20 多项国际服务外包产业支持政策，政策落实力度持续加大，各级政府的服务意识不断增强，有效减轻了企业负担，为承接国际服务外包产业转移和加快产业发展创造了良好的政策环境。

2. 逐步建成综合服务体系

公共培训平台、公共技术平台、公共信息平台、公共研究平台等各类公共服务平台陆续建成，网络、电力等基础设施进一步完善，国际服务外包产业的专业会展、发展论坛、交易平台、服务网络等加快推进，服务外包投资促进力度不断加强，服务外包研究机构和服务外包行业协会的研究和服务功能进一步增强。

3. 特色外包园区稳步发展

围绕各地发展目标，结合当地产业发展基础，稳步发展产业集聚度高、人力资源充沛、基础设施完善、商业环境优越的服务外包特色园区。通过加强园区规划、完善配套设施、加快公共平台建设，注重专业化招商和园区管理，形成了呼叫中心、数据中心、企业孵化、研发设计、动漫创意等一批各具特色的服务外包园区，并已成为我国国际服务外包产业发展的重要载体和企业成长的培育平台。

4. 示范城市释放集聚效应

产业集聚发展效应日渐释放，21 个服务外包示范城市建设取得明显成效，在市场导向和政府推动的共同作用下，要素资源集聚，规模效应显现，示范城市主要发展指标增幅均超过全国平均水平，对全国国际服务外包合同执行额贡献度达 95%，示范城市的引领带动作用不断增强。服务外包示范城市周边地区凭借区位优势，积极承接外包业务，与示范城市共享发展成果。长三角、珠三角、环渤海等地区已初步形成了以示范城市为核心的服务外包产业集聚带，对中西部地区的产业辐射效应逐步凸显，并通过跨区域分工协作，推动了中西部地区服务外包产业加快发展。

6.3 知识创新现状

近年来，在产业规模取得飞速增长的同时，我国服务外包产业的知识创新能力也有了较大提升，主要体现在以下几个方面：

服务外包示范城市的产业知识创新能力提升较大，知识流程外包（KPO）比重显著增加。一些城市如天津、西安、苏州等，大力发展医药研发、工业设计、技术服务等 KPO 业务，这些高端业务在整体业务中的比重呈逐年增加的趋势。例如，天津市在已有的制造业基础之上，积极发展基于生产的技术性 KPO 业务，2010 年该领域业务占整体业务的 44.4%；西安市依托已有的教育、科技研发实力和华为、中兴、西邮科技等一批 KPO 企业，2010 年 KPO 离岸合同额占比达到 29.8%；苏州市从事 KPO 的企业数已经超过从事业务流程外包（BPO）的企业数。

服务外包领军企业已经意识到知识与技术创新的重要性，并积极开展。例如，一些企业积极改革创新服务模式，提供云计算应用的解决方案和服务，并同时引入物联网技术；一些企业将制造业的办法引入服务外包业务，大幅提高了工作效率；还有一些企业不断加大创新投入，在境内外设立科研机构、研发中心等。但是，目前我国服务外包企业的自主创新仍主要集中在技术创新、产品和服务创新、商业模式创新上，知识创新所占比重不高，如图 6.1 所示。

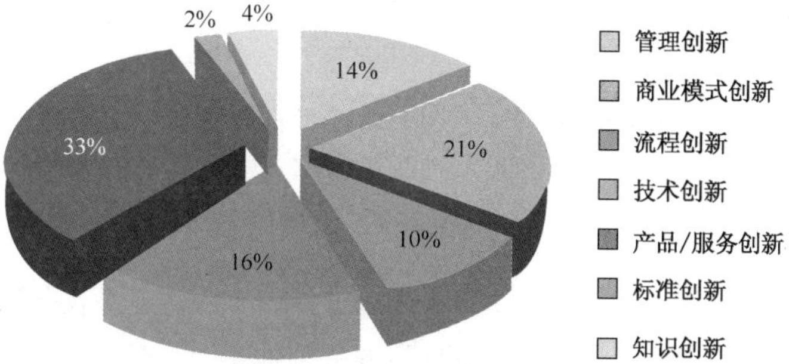

图 6.1　我国服务外包企业创新情况大致分布

资料来源：鼎韬服务外包研究院。

此外，我国服务外包企业也越来越关注在创新过程中的知识产权保护问题。例如，在为发包方履行服务并保障发包方知识权益的前提下，如何确保自身的自主知识产权；如何开展自主品牌建设、培育发展出口品牌；如何按照知识产权法律明确双方的权利和义务，以及在合同履行过程中解决纠纷，在发生争议的时候确保双方的权益等。

当前我国服务外包产业知识创新和国外相比仍有较大不同，主要体现在：

第一，我国与发达国家对服务外包产业知识创新的认识不同。我国服务外包产业曾普遍存在一种认识，认为服务外包就是代工，不需要进行知识创新。而国外发达国家服务外包产业重视知识创新，认为知识创新、技术创新和管理创新是服务外包业务中不可缺少的组成部分。

第二，我国与发达国家在服务外包产业知识创新能力方面存在较大差距。按照联合国教科文组织发表的《1998 年世界科学报告》中按科技论文数量来衡量科技成果的办法，2011 年，中国国际科技论文平均被引用 6.21 次，比上年度提高 5.8%，有 12 个学科论文被引用次数排在世界前 10 位以内，其中化学、材料科学、工程技术、数学 4 个领域论文的被引用次数排名世界第 2 位。但是这些科技成果未能被服务外包产业充分吸收利用，造成科研成果虽然数量惊人，但实际意义不大。

第三，知识创新转化为经济增长贡献率方面存在差距。据统计，我国科技进步对经济的拉动作用不足，只有 39%，离知识经济要求科技对经济增长的贡献率达到 80%的指标还有很大的差距，我国服务外包产业知识创新仍处于初级阶段。

6.4 服务外包环境下企业知识创新的特征

外包型服务属于知识技术密集型服务活动，知识承载度高、附加值大（张金成等，2005；许慧等，2010）。在服务外包过程中，接包方和发包方之间存在丰富的知识创新和共享，本书运用知识价值链来刻画知识在服务外包中的能动创新过程。

在服务外包环境下，企业知识价值链的主要环节应包括知识获取、知识融合、知识创新、知识保护、知识扩散、知识共享（芮明杰，2004），如图 6.2 所示。

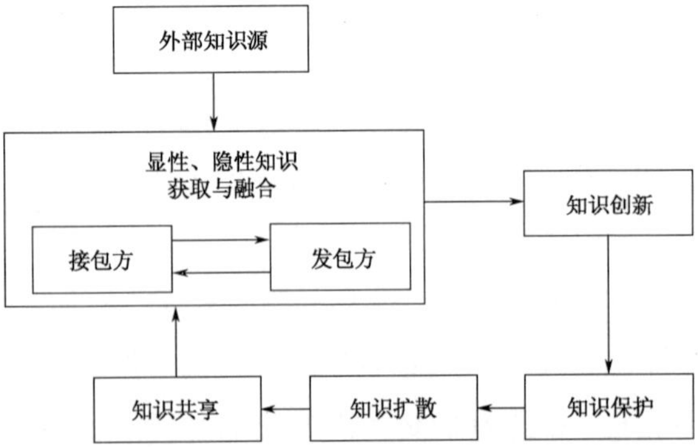

图 6.2　服务外包企业知识创新模式

服务外包虽然存在业务差异，但大多都提供基于知识的中间产品或服务。因此，在外包的过程中，接包方、发包方需不断进行交互、沟通，以获取显性知识和隐性知识，同时借助外部知识源来弥补知识缺口，例如与高校、科研院所等合作。在这个过程中，知识不断地转化，并通过以下四个基本过程来实现知识创新：社会化——隐性知识在组织内的共享；外在化——运用过去学习经验并通过逻辑思维方式将其明示化；综合化——将显性知识融合并系统化；内在化——显性知识被组织成员消化、吸收，通过实验、创意、培训等各种方法或者心智模式整合原有知识或者创新开发原来不存在的新知识，最后升华为自己的隐性知识 。接包方已有的知识积累和先验经验、发包方的知识储备和知识开放度等都影响着服务外包过程中知识创新的广度和深度。

由于知识创新不仅在接包方中产生，也会在发包方中产生，因此如何对知识创新进行知识保护也十分重要。服务外包中的接包方通过对来自多方的知识信息进行整理、融合，形成新的知识，为客户提供解决方案，实现知识的应用，同时，新的知识被共享，对接包、发包方来说，知识创新也是一个连续不断、螺旋上升的动态过程。

在服务外包环境下，知识创新体现出如下特征。

1. 在不同的业务外包中，企业知识创新的内驱力不同

按照所涉及的内容，服务外包分为信息技术外包（ITO）、业务流程外包（BPO）和知识处理外包（KPO）三种类型。其中，ITO关注企业IT基础建设，如服务器、网络、操作系统和运营维护外包等；BPO的任务是企业业务流程设计服务、企业内部管理服务、企业运营服务和企业供应链服务等，以业务的标准化为主要特点；而KPO比前两者更高端，包括知识产权研究、工业设计、分析和数据挖掘、工程设计等，提供的更多是一种增值的东西，或者能够提升竞争力的东西，是以业务专长而非流程专长为客户创造价值（吴成锋等，2010）。三种类型业务对比如表6.1所示。如果把服务外包比喻成一座金字塔，从金字塔的底部向上，对外包企业的人员、技能、管理等要求逐次提高，同时在向上攀升的过程中，利润率也在逐步提高，市场的空间显著放大，对知识创新的要求也越来越高。例如，有效的BPO不仅是将流程外包出去，外包供应商还将对流程进行重组。流程重组包括实施一种新的技术或是以一种新的方式使用技术改进流程，而达到此种程度就需要知识的创新。再如 KPO，所涉及领域大多为企业的核心领域，对员工有更高的技术要求，流程高度复杂且充满了不确定性，执行过程和结果较难衡量等，要求接包企业的创新能力更高。

表 6.1　ITO、BPO、KPO 特点比较

	ITO	BPO	KPO
核心	技术	业务流程	知识流程
技术要求	编程、架构	标准、规范	高度复杂、不确定性
员工要求	软件开发人才	流程管理人才	专业知识人才
价值创造	低、中	低、中、高	中、高
创新能力	低、中	低、中、高	中、高

2. 发包方的角色抉择决定知识创新的高度

在服务外包的 ITO 中，发包方的角色更多的是充当专注于成本和合同条款的外包管理者，以及知识创新中的知识转移者，他们希望通过劳动套利带来成本节约或业务改善。但在 BPO、KPO 中，由于外包的业务是基于客户需求的不断更新和变化，要求知识创新更为活跃、迅速、深入，因此，发包方的角色逐步转为离岸外包供应商的战略合作伙伴。例如，一些外包供应商创建了新的合作模式，建立起外包供应商参与的战略合作关系，并通过投资来支持离岸外包供应商所开展的研究与开发工作，参与到了整个知识创新的流程过程中。随着外包业务在价值链上的攀升，发包方不再被认为是创新的被动接受者、协助者，而是知识创新体系的积极参与者，在不断进行自我知识创新的同时，与外包供应商一起推动知识创新和知识应用，因此，这种角色的转变会提升知识创新的高度。

发包和接包，是一个动态的概念，随着接包方自主创新能力的提升，接包方有可能成为发包方，甚至成为发包方企业的竞争者，因此，在服务外包过程中，导致知识创新的重要参与主体——发包方和接包方在角色选择、创新策略上展开博弈。

3. 知识创新中的强烈交互性

日本学者野中郁次郎（Ikujiro Nonaka）认为，企业知识创造的过程实际上就是隐性知识和显性知识二者相互转化、相互作用的过程。作为知识技术密集的

服务外包产业，服务知识的隐性程度更高，路径依赖性也更强（Nonaka，1995）。由于隐性知识相比显性知识而言具有难以编码、不容易公开传播的特点，它需要依靠个体接触才能进行传播和获取，因此需要通过接包方和发包方之间大量的交互活动、参与人员的交互来获取。具体来说，在服务外包过程中，发包方需要向接包方明确其需求信息，尽可能提供相关业务背景知识，以便接包方更好地为客户创造价值。而作为接包方，除了要掌握发包方提供的相关显性知识，还需要与发包方的相关工作人员进行密切的沟通，甚至需要深入发包企业去感受其组织文化，去观察和体验其业务流程，以获得一些只可意会不可言传的隐性知识。彼此的交互、沟通是实现信息获取和融合的直接途径，也是知识创新的重要基础。良好的交互能够减少双方在合作过程中的摩擦，使知识在双方之间顺畅无碍地传递，这对高质量甚至超期望地完成外包任务是非常必要的。同样，在企业内部，由于团队成员间的良好交互，个人的知识更新速度会提高，隐性知识掌握者人数越多，成员间的共同知识和共同语言就越多，也就越容易促进知识的创新。

6.5　我国服务外包企业知识创新能力的提升途径

1. 培养服务外包企业间的信任机制

由于服务外包中的接包方、发包方在文化、经营理念上存在差异，在业务实施中给成员企业间的知识共享和知识创新造成障碍，特别是承接离岸服务外包时，这种障碍更明显。供应链中的知识共享和知识创新必须建立在相互信任和相互尊重的基础上。在信任的气氛中，才能发挥知识共享的效用，才能有助于减少接包方和发包方之间的摩擦，提升知识创新速度与效益。因此，有必要培养双方的信任机制。

一方面，通过双方经常性的沟通、互访、交流和讨论，实现接包方、发包方企业知识共享与知识创新文化的集成和汇合。沟通是企业之间信任的来源，通过沟通，接包方、发包方之间可以就知识共享和知识创新的必要性达成共识，有效地解决合作过程中出现的各种问题，减少误会。这种沟通应该是多层面的，既有企业高层之间的沟通（目的是建立信任，确定合作方向与原则等），也有员工之间的沟通（目的是落实合作，促进相互了解）。

另一方面，从制度上来保证信任的建立。在合作初期，建立完善的相关业务标准、合作双方的投入保证、合作双方的利益分配以及争端解决机制等，为合作提供制度保证，这也在一定程度上避免了合作双方的投机主义行为。

2. 培养知识共享的企业文化

良好的企业文化是成功实现知识创新和共享的基础，服务外包企业要实现知识的持续创新就需要营造一种相互信任的共享性文化，使每位员工都认为共享知识和与人分享知识是一种自然行为。由于知识的特性，很大一部分是员工个人掌握的隐性知识，而且这部分知识会随着员工的流动而丧失。为了激活这部分知识、将隐性知识显性化并实现在组织内扩散和分享，需要企业内部有良好的共享氛围，通过建立以知识共享和创新为导向的激励机制，鼓励员工参与到企业的运行中，在彼此信任的基础上交流和共享知识。作为企业，同时可以通过制定其他相应的规划、规范和管理操作程序充分挖掘隐性知识，使隐性知识显性化并在组织内部迅速流转，实现最大化地提升知识利用率。另外，企业可以通过培训主动获取外部技术知识，促进外部知识的内化，在增加企业知识的存量与广度的同时，提高企业的技术吸收能力，进而提高企业创新能力。

同时，服务外包企业应积极利用现代的信息技术和网络技术构建适合自己的知识管理系统，有效地实现知识共享和知识创新。好的理论也离不开现代化的手段加以实现。企业通过实施知识管理系统，对各种知识进行管理和使用，更方便地共享自己的知识，同时得到自己所需要的知识，提高知识共享、知识创新的效率，以实现核心竞争力的提升。

3. 加强知识产权保护

由于服务外包过程中牵扯到大量的利益划分、权益保护等问题，如何通过明确的法律、法规、制度等方式，明确外包各方的利益，是赢得市场信任、有效推进服务外包产业发展的关键环节。

目前，我国许多企业不愿意采用外包方式的一个重要原因，就是担心商业机密泄露，自身利益得不到保护。也是基于同样原因，许多国际跨国服务公司不愿意把高附加值业务放到中国市场。例如，企业内部的人力资源、金融与财务、收入和支付流程等，均是体现企业实力且对外处于绝对保密的信息，如果企业将这些工作发包给其他企业进行管理，发包企业就必定对数据、信息和知识产权保护有更加严格的要求与惩罚措施。因此，如果没有对商业秘密的严格保护，任何服务外包都难以进行，且会纠纷不断。这就需要我国法律环境达到更高要求，需要政府和企业两个层面认真面对，共同努力解决我国法律环境的建设问题。

作为政府，应该积极完善有关法律制度，特别是加大对知识产权保护的立法和执行力度，营造良好的法律环境。同时加强知识产权保护的国际合作，积极与国际接轨，提高外包领域知识产权保护的透明度，赢得发包方的信任。对于接包企业来说，在承接服务外包的过程中不仅要保护好发包方的知识产权，也要注重自身知识产权的积累和保护。ITO、BPO 和 KMO 都属于知识技术密集型产业，在外包过程中，硬件投入相对较少，知识、智力投入很大，如何保护好自主创新的智力产出就成为决定企业利益、成败的关键。从某种程度上说，服务外包企业的核心竞争力也就取决于企业是否拥有自主知识产权，服务外包产业未来的竞争也就是知识产权的竞争，所以知识产权保护就成了维护行业形象，提高企业竞争力的有效工具。在知识产权保护中，可以将发包方、承包方和第三方的知识产权分开管理，对发包方提供的知识产权进行权属审查，并取得第三方知识产权的授权。对于研发过程中产生的技术秘密，择机采用专利或商业秘密的方式进行保护。

4. 承接高水平的研发外包项目

承接高水平的研发外包项目，会增加承接企业可接触技术的总量和技术存量，有助于承接企业获得高水平的技术转移，有利于承接企业提升企业创新能力。

如何承接？首先要注重服务质量。质量是现代服务业健康发展的保障。绝对不能忽视软件产业通行的、国际业界普遍接受的资质认证的品牌意义。印度之所以能够在国际服务外包市场中占有优势，具有资质认证的企业往往在竞争中占有先机。政府应继续强化推广软件和服务产业的质量控制，鼓励软件和服务企业实施 ISO、CMM、P-CMM、CMMI 等资质认证和质量控制模式。通常，服务外包的客户都是建立在长期合同基础上的永久客户，企业可以在提高外包服务质量的同时，形成稳定的客户群，在互惠互利的基础上，实现服务关系的升级并承接客户的高端外包项目，学习先进技术和经验，提高企业自主创新能力。

5. 建立人才培养机制，完善人才激励机制

承接服务外包的竞争力和发展潜力最终都取决于承包方的人力资本优势。未

来我们更多的服务外包业务将从 ITO 转向 BPO、KPO，在实现价值链攀升的过程中，对知识创新的广度、深度要求越来越高，对人才的要求也越来越高。目前我国的高端服务外包人才缺乏，在人才培养方面，可以借鉴国外科技发展的经验，以市场为导向，以实践为基础，以定制化培训为手段进行人才培养。通过高校、专职培训机构、企业等多层次培训体系，培养掌握业务外包技能的一线人才，同时吸引国外相关行业的高级管理人员回国创业或任职。在营造尊重知识、尊重人才、尊重创造的良好氛围和社会环境中，通过必要的物质和精神两方面的激励来激发人才的创造力。如果员工能够从中获得收益，他将更愿意贡献自己的力量。激励的方式既要包括物质激励（如知识薪酬、知识股份等），也应该包括员工内在感受的报酬，如成就感、声望等。

6. 注重知识协同，推动知识创新

所有的知识创新，都可归结为具体的知识主体之间的知识协同问题，新知识的产生有赖于知识需求方在恰当的时间得到知识提供方的知识传递与转移，也有赖于知识内化、综合集成等知识活动的实现。协同，意味着时间的恰当性、知识的有效性，也意味着“1+1＞2”效果增值性。

服务外包产业随着价值链提升，知识创新活动愈加频繁，也随即产生越来越多的新知识。但是，如何实现这种价值链攀升，如何促进创新活动的开展，则需要从知识协同的角度进行深入研究。

第 7 章　服务外包知识协同生命周期分析

7.1　服务外包企业知识系统

随着全球离岸外包的兴起，中国作为继印度之后的服务外包第二大承接国，近几年来服务外包企业发展迅猛。但从总体上看，大多企业仍处于发展的初创期，规模和竞争优势尚未形成，面临着价值链"微笑曲线"攀升的发展瓶颈，究其深层次的原因主要体现在两个方面：一是发包企业向接包企业的知识转移存在着认知差异、信息不对称、合作关系不稳定、机会主义等因素形成的天然障碍；二是接包企业内部由于项目团队之间的隔离、项目团队跨国分布（客户现场团队和后方技术团队）、隐性知识默会性等原因所形成的企业内部知识共享和知识转移的高阻滞。对客户业务知识转移的依赖和内部知识共享效率的不足影响了企业知识协同的效果。

知识协同是近年来服务外包领域的研究热点问题。知识协同微观上强调知识转移的时效性和准确性，强调高效的知识协作；宏观上强调"1+1＞2"的协同效应，强调知识资产的不断增值。运用知识协同解决上述难题的思路在于：在项目评价时强调知识资产增值的评估，从而引导领域知识的快速积累，部分解决客户依赖的问题，并有利于垂直行业的优势培养；在需要知识时通过社会网络及时找到拥有知识的员工或客户，部分解决隐性知识转移困难的问题，同时促进社会资本的积累，反过来进一步促进跨组织、跨项目的知识协作。因此，知识协同是一种有效促进知识资本和社会资本增值的管理方法。

企业知识协同的研究对象是一种典型的非线性复杂系统，即企业知识系统是一个具有生息特征的活性系统，具有抗熵增机制，保持自身向远离平衡的方向演化。美国学者 Mark W. Mcelory（1997）、Alex & David Bennet（2000）、Lbrahim Kuscu（2001）等从组织智能、组织学习、知识共享和复杂适应系统角度对组织知识系统进行了研究，认为组织知识系统是一个智能适应系统，具有复杂适应系统的特性。

刘秋岭、梁高飞（2006）借鉴自然科学中的耗散结构理论，分析企业知识系统耗散结构的形成、维持、演化，给出了企业知识系统耗散结构的演化路径模型；李海波等（2006）研究了知识主体的复杂特性，结合 CAS 主体模型，初步构建了基于 CAS 理论的知识系统主体模型。复杂性理论的核心是适应性主体和自组织机制。彭纪生（2005）认为，完善的知识型组织具有开放、非平衡、非线性、涨落性等特征，因而它应是一个自组织系统。其中“知识”是关键性因素，在竞争性环境中组织适应环境及进化所需要的知识是组织“熵减”，即走向更高层次的有序之源。而知识自组织的背景则是知识组织的“失能”（严娜等，2001），知识自组织应运而生。

传统知识转移/共享的研究，聚焦于知识形态的转化和组织内的转移方法，无法从根本上解决知识嵌入性、人员流动性、团队隔离、地理分散和跨组织、跨文化等难题，需要一种“人+知识”相结合的解决思路。知识协同着眼于人与知识互动的社会网络和动态过程。知识协同的研究重点，微观上是如何促进知识协作机制的建立，以便有利于隐性知识的转化与利用，宏观上是如何度量知识协同效果（知识资本与社会资本的增殖），以便更有利于产业升级和价值链的攀升。现有研究对此关注不够，因此本章在复杂适应系统（CAS）和社会网络分析（SNA）理论指导下，以服务外包企业的知识协同演化为研究对象，通过知识协同绩效与知识网络各要素的相关关系的研究，揭示知识协同（网络）的演化规律，从组织结构、企业文化、多元激励等方面为企业发展知识协同提供决策参考。

知识协同强调通过人的协作达到知识创新的目的，其主要衡量指标是知识传递的准确性、时效性；隐性知识具有高度黏滞性和情境依赖性的特征，需要从“人+知识”相结合的角度，以社会资本（网络）和知识资本理论为基础，解决服务外包企业长期存在的由员工高频流动、项目团队隔离、发包企业缺乏知识转移动机等原因造成的知识管理困境。

7.2 知识活动的微观分析

7.2.1 服务外包模式

服务外包企业根据外包关系的战略地位不同，其资源性质和能力层级各有不同，可划分为分散型外包和获益型外包。分散型外包对发包企业的知识需求较弱，主要体现为内部单一领域（如 IT/IS 开发类）的知识协同，协同效率较高，但知识同质化程度高，知识资本和社会资本的增值有限；获益型外包需要发包企业与接包企业的高度协作，主要体现为跨组织、多领域（IT/IS 开发类、企业特定业务类）的知识协同，协同效率较低，但知识异质化程度高，知识资本和社会资本的增值较大。

例如，中国承接来自日本和欧美的发包业务，日本企业仅把外包作为人才和技术补充，而欧美企业则追求全球资源效能的有效利用以提升创新能力；日本企业多采取保守和分级转包模式，而欧美企业更关注外包技术创新和专业需求理解与实施；对日外包中，中国企业无法直接接触终端用户，而欧美企业强调双方的共同成长。外包关系定位的不同，直接决定了知识协同的情境不同，知识活动要素的差异也较大。

7.2.2　知识协同的双维度研究视角

根据外包关系的差异，不同模式下的知识主体、客体以及其他要素之间的关系也有所差异，知识协同的情境模式也不相同。服务外包企业的知识活动是在情境约束下的微观过程，因此，分析服务外包企业的知识活动，需要从“情境”和“过程”的双维视角去获取知识协同的要素特征。

首先，从情境维度来分析，知识协同的情境主要考虑的因素有社会情境、组织情境和关系情境三个方面。社会情境主要由接包和发包企业之间的社会、经济、政治、文化，以及外包关系的定位等构成。组织情境主要考察接包企业的文化、战略、组织结构、环境、技术和运营这五个因素。关系情境主要有合作动机、信任程度、组织情境相似程度等因素构成。Szulanski（1996）等学者曾提出企业知识转移是在一定情境中的，从知识的源单元到接受单元的信息传播过程。Gupta 和 Govindarajan（1991）曾用任务环境、结构特性、行为要求等方面来界定跨国公司内的知识流动中的主要情境变量，并研究这几类情境变量与知识流动之间的关系。知识的情境嵌入性意味着企业运用知识时，必须充分考虑其情境因素的影响。企业的知识情境不是一成不变的，但需要投入相当的时间和资源来改变情境范围。

其次，从过程维度来分析，主要以外包项目的生命周期为分析基础，外包项目是服务外包企业知识活动相对完整的基本单元，是知识活动微观分析的主要对象。项目生命期的不同过程，其知识的需求有显著不同，表现在知识的隐性/显性程度不同、领域不同、知识转换重点不同等。其中最具代表性的是 Nonaka 在 1995 年提出的 SECI 知识螺旋模型，该模型解释了企业知识的微观活动，隐性知识与显性知识之间的交互作用是一个螺旋上升过程，两类知识的互动构成了知识转移的四种模式：社会化（Socialization）、外化（Externalization）、融合（Combination）和内化（Internalization）。社会化是指从个体到个体的隐性知识的转移；从个体到团体的隐性知识向显性知识的转移称为知识的外化；从团体到组织的显性知识的转移称为知识的融合；从组织到个体的显性知识向隐性知识的转移则是知识的内化。这四种模式依次循环，构成了创新知识的一般过程。从 SECI 知识螺旋模型可以看出，企业内部的知识活动并不是静态的，知识协同在不同层次的多个主体间发生，既有显性知识也有隐性知识，知识协同是知识不断转移、扩散、共享和创新的过程。

7.3 知识协同的演化分析

7.3.1 知识协同效应曲线

服务外包企业的所有外包项目构成其知识系统的整体，企业知识系统是一个典型的开放复杂系统，在与外界不断地进行能量、信息的交换中实现自组织演化。

随着知识网络的演化生长，企业知识系统呈现自组织的特性，知识协同演化状态具有明显的阶段性，每一阶段都有其主导的演进因素和典型的阶段特征。从部署开始经过适应阶段后，参与知识网络的主体不断增多，知识转移的时效性和准确性、知识活动的绩效（知识资本和社会资本的总量）随之不断提高，但知识协同的效应（知识资本与社会资本的增值）经历一个先升后平的发展路径。依据网络产品的研究发现，知识协同效应的演变遵循一种非凹非单调函数所决定的路径，如图 7.1 所示。

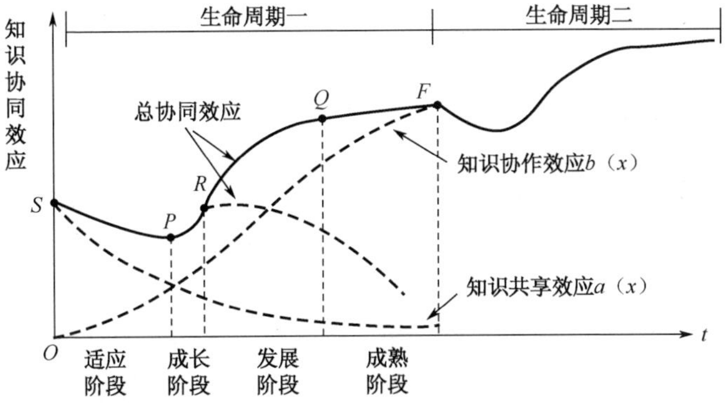

图 7.1　企业知识协同的阶段演化模型

知识协同是一个非线性、多生命周期的循环过程。在每个特定的生命周期里，知识协同效应受知识共享效应 *a*（*x*）和知识协作效应 *b*（*x*）的共同作用，其中知识共享效应逐渐减弱，知识协作效应逐渐增强，总体协同效应呈现先降后升的轨迹路径。

在技术适应阶段（图中 *S-P* 部分），会有少量技术敏感的员工热情欢迎新技术的部署，并积极投入成为先行者，可以产生知识共享效应，但在知识用户规模化之前，由好奇、兴趣主导支配的知识员工热情下降、共享知识质量下降，知识共享效应逐步降低，知识协同总效应呈下降趋势；在成长阶段（图中 *P-R* 部分），知识用户规模扩张，知识资本和社会资本逐步积累，知识协作效应不断增强，知识协同总效应从 *P* 点开始折而向上，并由于网络规模的急骤膨胀而呈指数上升趋势，进入发展阶段（图中 *R-Q* 部分）；由于企业员工、客户和供应商的总量是有限的，知识网络发展到一定规模后，知识协同效应达到最大，但边际效应是递减趋于零，到达成熟阶段（图中 *Q-F* 部分），此时，知识系统需要创新性、革命性知识要素投入（新知识源或知识技术），激活知识系统进入新的演化周期。

7.3.2　知识协同效应曲线关键点分析

知识协同的总体效应可划分为四个阶段（见图 7.1），应特别关注四个关键点：

适应阶段的起点 S（起始点）：何时、何种条件下，开始部署企业知识系统？

成长阶段的起点 P（转折点）：何时知识协同效应开始正增长，促进转折的关键变量是什么？

发展阶段的起点 R（临界点）：如何尽快突破知识网络规模的临界点？只有突破此值，网络演化才真正稳定。如果无法突破此值，总体效应将负向增长，生命周期结束；

成熟阶段的终点 F（饱和点）：何时达到网络规模最大点？此点意味着知识系统高度同质，知识网络高度互联，知识协同效应达到极值，边际增长为零。为了引领知识系统向更高层次演化，需要引入革命性知识要素，打破知识网络的内部均衡，推动知识系统进入下一个生命周期。

上述阶段的分析总结如表 7.1 所示。

表 7.1　知识协同网络演化的阶段特征分析

阶段	主导效应	知识协同效应	协同边际	关键点
适应阶段	知识共享效应	下降	减少	起始点 S
成长阶段	知识协作效应	上升	增加	转折点 P
发展阶段	知识协作效应	上升	增加	临界点 R
成熟阶段	知识协作效应	上升	减少	饱和点 F

以上对知识协同各阶段及关键点的特征进行了定性分析，有助于了解企业知识协同的状态特征及总体规律，而在不同的演化阶段，其主导因素各不相同，导致不同企业知识协同演化的效率及轨迹各有不同。

7.4　企业知识协同演化的主导因素

经过上述微观及宏观两个层次的分析，构成了螺旋式企业知识活动的要素图谱。在知识协同的不同演化阶段，需要了解是哪些要素在主导其状态的演变。已有研究表明，影响知识转移绩效的组织情景因素包括：组织支持、同事行为、工作需求三个方面；员工知识转移的动机由四个维度组成：组织情感动机、个人成就动机、兴趣动机和个人利益动机；以 Wiki 百科为代表的群体智能质量的影响因素研究表明，知识提供者的数量、专业化程度、差异化程度等特别重要；影响博客知识共享的主要因素有信任、社会连结强度和互惠性偏好等。以上研究均是以静态均衡分析为基本框架展开，现有成果无法回答知识协同动态演化的主导因素问题。因此，本章提出了影响知识协同的各层次因素，探讨演化过程中各个发展阶段的主导要素。

影响知识协同演化的主导因素可以划分为组织因素、团队因素和个体因素三个层次，相对应的治理策略则可以分为正式组织机制和非正式组织机制，前者一般具有经济性、短期性和可度量性（如物质激励等），后者则具有社会性、长期性和不可度量性（如信任、文化等）。

根据以上分析以及服务外包知识主体的特性，服务外包企业知识协同演化的主要影响因素如图 7.2 所示。

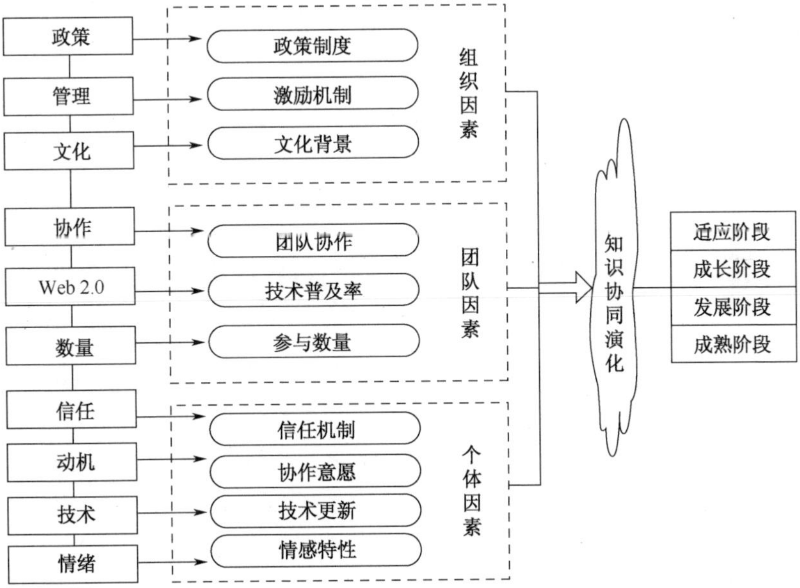

图 7.2　服务外包知识协同演化阶段的主导因素

不同演化阶段的主导因素不同，各因素的作用大小直接影响演化的进程。在知识协同的适应阶段，政策制度、物质激励措施占主导地位，政策的倾向、激励机制是否合理，决定了技术采纳的程度和知识协同的效果。在成长阶段，知识协同效应初步显现，政策激励效用渐弱，基于协作、互惠的认识占据主导地位，影响着知识主体数量的快速增长，知识协同效应的快速提高：知识资本和社会资本的积累反哺知识协同交流，为知识协同演化提供内在驱力。在发展及成熟阶段，知识协同的效应主要受到知识主体的信任、文化等因素主导，其演化时间及其演化阶段也不尽相同。在成熟阶段后期，知识同质化程度达到极值，知识网络效应的增长趋于平缓，受到文化背景、技术更新等因素的影响较大，技术的更替甚至会直接影响知识协同进入下一个生命期。

第 8 章　虚拟团队知识协同演化模型

服务外包是知识密集型产业，知识创新的需求强烈。一般来说，发包方拥有丰富的业务、行业知识，而接包方在 IT 相关的人力资源方面具备优势，双方通过频繁的知识交流实现知识共享、知识转移，并最终完成知识产品的研发，其合作具有“1+1＞2”的协同效应。目前，国内外关于服务外包中的知识管理、知识共享、知识转移研究较多，取得了丰硕的研究成果。但是，多数研究属于微观视角，考察知识流程，比较知识转移双方的意愿、动力、行为等；宏观研究主要在于战略、策略与制度建设等方面。实际上，服务外包模式中存在一种典型、集成的知识行为，即知识协同。知识协同的内涵，与知识共享、知识转移不同，可以说是一种基于问题驱动的、动态的、集成多种知识共享/转移的知识行为，并且具备宏观、微观双重视角的研究优势。

日常工作中，每个人都首先基于自己的知识资源完成规定的任务，当遇到难题需要外部知识时有两种处理，一种是向显性知识库寻求解决方案，另一种是向可能的知识工作者（同事、朋友、客户等）寻求帮助。每个人都有一个以自己为中心的局部知识网络，网络中的主体是拥有不同知识资源的个体，主体之间的知识交流形成节点连接——网络中的边。服务外包业务中，为了完成一个具体的项目，需要以团队的形式组织人力资源，而且团队是分布、异质的，成员甚至包括客户在内，地理上一般分为前方客户现场团队和后台技术支持团队，是典型的虚拟团队。这个团队中的成员及其相互之间的知识关系，随着项目进展不断演化，成员之间的知识交流越来越多，知识协同越来越频繁，从网络来看不断有新的边产生，边的权重不断变化。直至最终知识产品交付，网络中新增的边及边的权重变化，记载了知识协同的过程及其结果。因此，基于社会网络分析的虚拟团队知识协同研究有利于进一步理清知识创新的机制问题。

8.1 国内外研究现状和趋势

8.1.1 虚拟团队的知识协同研究

知识协同是以知识创新为目标，由多个拥有知识资源的行为主体（组织、团队、个人）协同参与的知识活动过程，是组织优化整合知识资源的管理模式和战略手段（Crampton，2001）。由于存在相互间的知识交流，主体间形成一种网络关系，这种网络具有高度的复杂性（樊治平等，2007）。把知识协同与社会网络结合，并以虚拟团队为对象的研究，是当前知识管理领域的最新研究方向。

王娟茹等（2007）认为虚拟团队是组织实现知识转移的有效组织模式。刘慧敏等（2007）则在对虚拟科研团队中信任和冲突进行分类总结的基础上，讨论了两因素对知识共享的影响效果。郑国光等（2007）探讨了软件开发虚拟团队促进知识转移的功能本质，总结了跨企业知识转移约束的一般方法，并建立了跨"时间—地域—组织—文化"多维度知识转移模型；同时，对软件开发虚拟团队进行了重新分类，并提出适应我国跨组织和文化的软件开发虚拟团队类型及组织结构。吴绍波等（2008）认为知识协同机制包括知识协同机会识别和知识协同过程两部分，其中后一部分包括知识共享、知识转移、组织间学习以及知识创造。此外，其他学者研究了成员个性和人际网络对虚拟团队知识贡献的影响，企业知识、协同工具知识和虚拟组织知识的划分，中小企业与客户方共享领域专家的障碍等。

总之，上述研究明确了虚拟团队及其知识管理研究的重要性，构建了虚拟团队知识转移的基本模型，提出了知识协同的研究框架，引入了个性、人际网络、客户知识等要素，考察了情感要素对虚拟团队知识贡献的影响。但是，缺乏针对IT服务中虚拟团队（典型的以知识产品为产出目标的虚拟团队）的研究。

8.1.2 基于复杂网络理论的知识协同研究

在知识协同的研究方法上，可见到心理学、系统动力学、博弈论和复杂网络等的应用。基于复杂网络理论的研究表明，网络中的强联系能有效克服跨部门复杂知识转移的困难，弱联系是促进隐性知识转移的重要途径；信任及情感连带等关系使知识转移更为容易。Guo 等（2010）以某一特定的虚拟团队为案例，采用SNA 分析方法研究了虚拟团队内部知识共享机制，研究发现团队成员之间的情感连带有益于知识共享，网络可达性和小团体的数量会影响团队内部知识共享的效率。Adam 等（2005）提出了一个基于全球化知识和本地化知识的企业间协同网络框架，认为框架中跨企业业务应该被协同地计划、执行和控制，这是较早以网络形态研究知识协同管理思路的文献。此外，信息系统领域的学者们也开始研究复杂网络的应用，具体有：①基于个体和组织层面的网络感知研究；②网络理论在信息系统方面的应用研究；③快速演化平台下复杂网络概念和技术的变更。有学者利用网络工具，建立了虚拟团队的知识流图，提出了工作流规划中知识流优化方法，在满足资源约束的前提下，根据任务角色在工作流与其知识流网络中的网络特征，优化角色指派，提高工作流节点的知识流动效率。

目前，以复杂网络或社会网络视角进行知识转移和共享研究较为活跃，但未能解决网络研究中的两个核心问题：①网络位置对于个体行为和状态的效应；②个体行为和状态对于网络变化的影响。即没有从“关系与结构”相结合的角度考察知识协同的行为与认知问题，难以认清知识协同的微观动力机制。

8.2　知识网络与知识协同

知识系统是由各种各样的知识及其关系组成的复杂系统。系统思想中最基本的概念就是要素和关系。如果把不同知识系统的要素和关系抽象为节点和边，那么可以对各个层次的知识构建网络，从网络的角度对其进行建模和分析。知识网络（Knowledge Network）作为一个概念，早在 1995 年就由 Beckmann（1995）提出，其含义为从事科学知识的生产和传播的机构和活动。然而，迄今为止，对知识网络尚无一个明确和统一的定义。从知识网络的节点性质，可以分为如下三种：知识主体之间的网络、知识之间的网络和多类型节点之间的网络。本章的知识网络，主要是指服务外包中虚拟团队的知识网络，是一种知识主体之间的网络。团队中每个成员都拥有一个个人的、由知识节点构成的知识网络，他们又通过个人知识网络进行交流与共享，构成团队知识网络，个人知识网络是此网络系统中的一个子集，个人与个人之间的交流共享可以用子集结构之间的关系进行定量描述。从复杂网络的角度对系统子集之间的不同关系进行描述和分析，为团队知识网络和知识协同的深入分析奠定了基础。

团队通过“协同”的方式进行知识创新，弥补知识缺口，消除“知识孤岛”，以获得多主体、多目标、多任务间的“1+1＞2”的知识协同效应（Anklam，2002）。在此过程中，个体的知识资源得到整合，团队知识要素的运动从无序走向有序，从差异走向协调一致，从而实现团队知识活动的整体效益大于各部分效益之和。团队知识协同具有如下特征：①其目的是为了完成新产品和服务的提供，产生“1+1＞2”的协同效应；②从其过程上看是一个知识流动的动态过程，它贯穿于团队关系的发展过程；③其主体是参与合作的组织成员，知识流动跨越组织边界，协同机制也远比组织内部的知识协同复杂；④其中心任务是知识创造，成员间的知识学习、知识共享与知识转移都是为了实现知识创造的基本手段。

研究表明（Guo 等，2010），知识协同的效应一般来源于规模经济效应、范围经济效应和学习经济效应。但是，这些效应分析仅仅存在于定性分析层面，无法把握协同效应的内在机理。把知识网络与知识协同结合起来进行研究，通过在知识网络上把握知识流动的规律讨论协同效应，为知识协同的研究提供了新视角。

8.3 服务外包中知识网络的协同演化分析

服务外包项目知识主体的跨组织、跨时空和跨文化，形成了知识网络的分布、动态和异构环境，这种环境下的知识流动是复杂的，符合复杂网络理论的应用特征。从服务外包的生命周期来看，其知识网络有一个由生成、演化等不同阶段组成的动态过程。每个阶段的网络，其任务、目标和解决的问题各有所侧重，从一种状态向另一种状态的演变都有关键参量的主导和转移。

8.3.1 服务外包中知识网络的特征分析

复杂网络形态各异，各具特征。网络内存在着两种基本变量，一种是集团内的目标引导（Goal-Directedness），另一种是利益随机耦合因素。奇达夫将后者称为偶得因素（Serendipity）（奇达夫，2007）。这两个动力因素所推动的网络演变过程具有各自不同的轨迹，同时又互相渗透和转换，发生转换的网络联结条件是存在弱联结关系所出现的结构洞。

所谓目标引导是指网络组织在共享的特定目标和中心领导者的推动下，有组织地朝着预期的理想状态进行有目的的适应性调整网络发展。网络中行动者表现为同质性。网络演变的轨迹是围绕实现特定目标而展开的，可以分为目标制定过程、组织原则确立过程、寻找外部资源过程和目标实现评价过程。无论一个目标成功与否，都将意味着又一轮新的网络演变的孕育和启动。

所谓利益随机耦合因素引导的网络演变，是指行动者由于各自利益的驱动，在互动过程中形成某种利益联结关系而形成的网络演化过程。这一过程的演化没有网络组织目标，而是随机的变异、选择和保留。例如，两个公司的董事已在对方公司兼任董事所形成的随机联结关系就属于随机耦合关系。利益随机耦合是以获得外部资源和信息为目标，其演变轨迹依次分为第一阶段由行动者相互之间的联结信号传递，第二阶段相互性信息反馈，第三阶段关系联结，第四阶段形成以两两行动者构成的二方关系为基础的“组元”结构，第五阶段产生为促进信息流动由跨越子群的经纪人构成网络联结的桥，最终阶段形成一个准平衡状态网络。

从复杂网络理论来看，服务外包中虚拟团队的知识网络较为符合目标导引的网络形态：

（1）有一个特定目标，即按服务标准提供的软件产品。

（2）存在一个管理实体或经纪人（Broker）计划、协调着整个网络的活动，即有项目负责人对项目期间的知识流动进行计划、协调，促进知识共享、知识转移，保证知识产品的生产。

（3）有着清晰的网络边界，网络成员有一定的遴选过程。组织项目团队时，会进行一定的选择；一旦确定了项目团队，相互间就有了彼此身份的认同，项目期间主要是团队成员之间的知识交流，因此网络边界较为清晰。

（4）表现为核心—边缘型集中化结构，联系紧密、结构洞少。一般团队成员与项目经理、系统分析员等核心成员有着较多的知识联系，一般成员相互之间联系较少，呈现核心—边缘结构。

但是，由于该类组织中知识联系的频度、强度、边界和内容的独特性，有时其目标导引的网络形态特征并不明显。比如，由于跨组织边界和跨文化，可能存在两个子网及其核心，并通过两个核心节点实现子网络的连接，如图 8.1 所示。这时，处于子网络中没有直接联系的成员之间的知识共享、转移就存在一定的障碍。因此，存在较多的弱连接和结构洞。

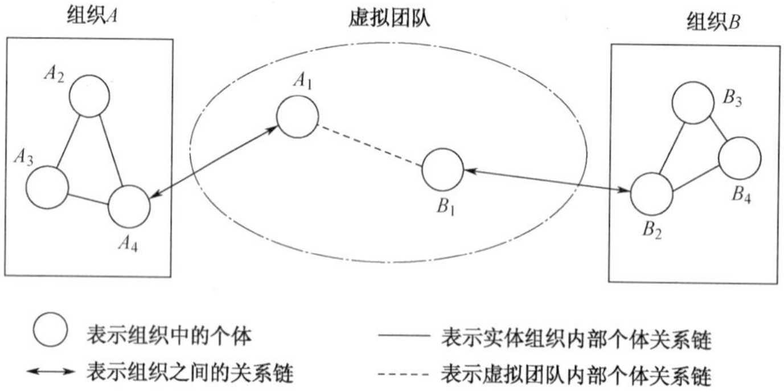

图 8.1　虚拟团队中的知识协同过程

8.3.2　复杂知识网络的生成

知识网络的生成，实质是虚拟团队的组建过程。在确定了项目目标后，考察目标产品的知识需求，通过与已有知识资源（包括组织公共资源和个体的私有资源）的对比分析，根据可用性、互补性、有效性等原则，寻找组织内外的知识主体，构建初期的项目团队，形成知识网络。

在选择知识主体组建知识网络时，考虑的因素主要有：

（1）知识互补性、知识势。知识势是一个相对概念，是一个知识主体相对于另一个主体的知识需求所能提供的知识量的多少。当两个知识主体所拥有的知识有较强的互补性时，相互之间的知识势值较大，有合作的可能。

（2）知识主体的社会关系。知识网络是知识主体之间的“节点–关系”连接，知识连接依附于社会关系连接。也就是说，知识主体之间首先建立一种社会关系，才能建立知识关系。社会关系的建立，依赖于两者之间动机、目的、个性、态度、信任等情感类因素。所以，有了知识势的计算后，还要考量知识主体之间的社会关系。

（3）知识的情境因素。知识必须与情境相结合，才能得到正确的理解和应用。跨文化和跨时空 IT 服务虚拟团队，主要通过邮件，利用文字和图形进行沟通，辅之以视频、音频，知识情境的一致性和可理解性难以实现。知识情境的表示可以采用两类方法，对于团队知识的共有情境，采用“公共云”的表示方法，例如对异国文化的统一表达，建立一个共享的情境知识库，使团队成员能够互相了解文化背景和字词表达方法；对于个体知识的私有情境，就需要采用“私有云”的方法，为每个知识点辅以情境的表达。

在初期成员遴选并构成知识网络后，可以从“知识发送方—知识接收方”角色特性和“结构—关系”节点特性双维度着手，建立知识协同网络的均衡分析模型，考察网络的有效性和稳定性，解决有利于知识协同或知识产品生产的最佳知识伙伴选择问题，即解决知识欠缺问题。

8.3.3　知识网络协同演化机制

在知识网络生成后，随着知识主体交流的深入，知识网络沿着某种轨迹进入演进阶段。在知识网络演化过程中，节点的知识存量不断变化，有着知识积累、知识学习和知识创造的活动形式；节点间的联系强度也随着知识流动的增加或减弱而变化。

网络的协同演化分析，实质是寻求知识协同 $K(AB)>K(A)+K(B)$（其中，K 代表知识，A、B 代表不同知识主体）的最佳途径。我们按 4 个步骤分解协同过程，分析网络演化影响因素及其作用机制，如图 8.2 所示。

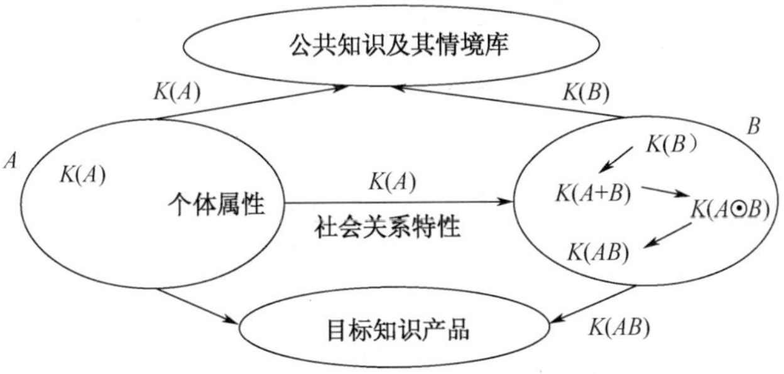

图 8.2　知识协同的微观过程

1. 知识共享机制

知识共享是个体知识向公共知识转化的过程，即 K（A）、K（B）显性化的过程。此时，网络上传输的是经过显性化处理的公共知识。某个知识 K（A）能够被不同知识背景的人所识别和获取，既需要以规范形式表达知识（隐性知识显性化，显性知识格式化），也需要考察知识主体共享其私有知识的意愿与能力，这就依赖于团队合作中的非正式机制。

2. 知识转移机制

知识转移是知识势能高的主体向知识势能低的主体转移知识的过程，即 K（A）→K（B）= K（A+B），其中知识势由知识主体所拥有的知识数量、质量和结构决定。知识转移效果取决于参与合作者的知识、经验与态度，同时还受正式或者非正式传播渠道的影响。知识转移双方通过合作获取新的知识，同时建立一种非正式社会关系，这种社会关系又反过来促进知识转移的发生。

3. 知识学习机制

知识学习指虚拟团队中的个体获得来自其他个体的新知识后将其理解和内化的过程，即 K（A+B）→K（A⊙B），其中⊙代表知识相互作用的一种操作。

4. 知识创造机制

知识创造指新知识 K（AB）的产生，是协同演化的终极体现和最高阶段。知识共享、转移和学习后并不必然产生新的知识，所创造的新知识是个体原先非共同或单独拥有知识的组织程式和编码。新知识 K（AB）的价值是什么呢？应该主要考虑对目标产品的贡献率，并与原始知识 K（A）+K（B）比较。由于有特定的项目目标导引，IT 项目知识网络协同过程具有较强的可度量性。

相对于知识学习和知识创造主要依靠个人知识处理能力完成，知识共享、知识转移对团队和关系网络的依赖度就高得多，并且知识共享和知识转移是知识学习与创造的前提条件。因此，虚拟团队的知识网络演化研究，主要集中在如何激励知识共享和知识转移的产生，以及如何提高效率方面。此时，要重点考虑三个问题：知识主体的社会关系对知识协同的影响，知识主体在网络中的位置对其协同效率的影响，网络结构对知识流动效率的影响。本章利用 SNA 和知识管理理论，提出了“社会关系特性—个体属性—知识协同效果”的概念模型，用于宏观上实证协同过程中关系要素的影响作用，可以进行知识网络协同的结构演进分析，探讨网络结构的初始状态、演进状态及其跃变对结果的影响，寻求结构偏好和动力学模型，为网络拓扑结构优化提供参考。

在知识协同概念模型中，知识协同效果受到知识主体个体属性和关系属性的影响，知识属性是调节变量，个体属性与关系属性互相作用，形成网络结构演化的主要动力。在个体属性中，主要考虑知识主体进行知识协同的态度、意愿和对他人的信任感。在关系属性中，主要考虑知识主体所处的知识网络结构，在网络中的位置，以及它对整体网络的效应大小。知识属性则主要考虑软件开发技术类知识、领域知识和业务流程知识的不同。据此，知识协同的概念模型可以归纳为如图 8.3 所示的结构。

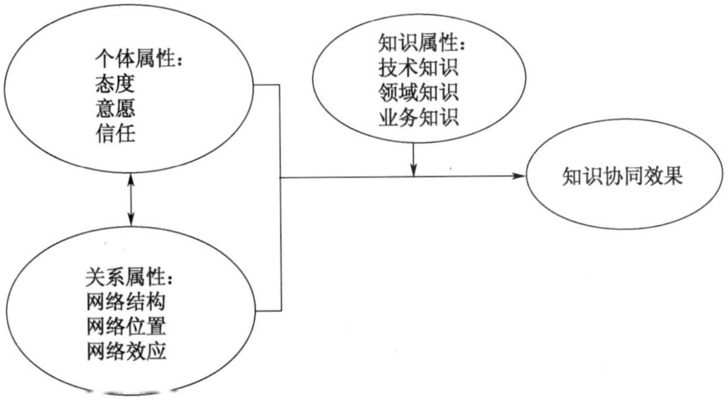

图 8.3　知识协同的概念模型

8.4　结论

第一，虚拟团队成员间的知识流转形成了一种知识网络，符合复杂网络特性。第二，这种知识网络基本符合目标导引的核心—边缘网络结构，有其独特性。第三，知识网络演化可以划分为网络生成、网络演进和网络结束等若干个阶段，每个阶段有不同的研究内容。第四，虚拟团队的构建就是实质上的知识网络生成，反映了网络的初始状态。初始状态的拓扑结构和相关参量决定了网络演进的方向。第五，知识网络演进过程中的知识协同，可以划分为知识共享、知识转移、知识学习和知识创造四个阶段。在协同过程中，发挥关键作用的有知识主体的协同意愿、态度和信任感，知识主体所处网络的结构、位置及其邻域结构、总体网络效应。同时，知识协同效果也受到所涉及的技术知识、领域知识和业务知识类型的影响。第六，建立了知识协同的概念模型，为进一步展开研究提供了理论基础。

第 9 章　知识协同网络演化的仿真分析

随着知识主体交流的深入，知识网络沿着某种轨迹进入演进阶段。在知识网络演化过程中，节点的知识存量不断变化，有着知识积累、知识学习和知识创造的活动形式；节点间的联系强度随着知识流动的增加或减弱也会发生变化。我们将分析知识网络的结构构成，按知识流动与扩散机制、网络连接机制、网络演化机制等步骤分解协同过程，分析知识协同网络的作用机制，探讨网络结构的初始状态、演进状态及其跃变对结果的影响，建立知识协同网络度量方法及仿真机制。

9.1　企业内部知识协同网络及机理分析

9.1.1　网络构成

目前，关于知识网络较通行的定义是：知识网络指的是一批人、资源和它们之间的关系，为了知识的积累和利用，通过知识创造、知识转移，促进新的知识的利用。根据本书对知识协同的关注角度，知识网络应包括以下几类要素：知识点、人员和知识载体。

知识点是网络中由知识构成的元素节点。知识是一种包含了结构化的经验、价值观、关联信息以及专家的见解等要素流动态的混合物。在组织内，知识不仅存在于文档数据库中，而且嵌入在组织的日常工作、过程、实践和规范中。根据知识的内容和性质，网络中的知识元素有以下几种类型：

“是什么”，指关于事实方面的知识；

“为什么”，指事物的客观原理和规律性方面的知识；

“如何做”，指用于改变物质世界或者做某些事情以满足人们某种需要的技术、方法和技巧等的知识。

“谁能做”，指谁知道某事物或事实是什么和谁知道如何做某事的知识。

以知识为节点，以知识关系（隶属、包含……）为连边可以构成一类以知识为导向的协同网络，擅长解决“是什么”和“为什么”的问题。以人员为节点、人员间的知识关联为连边，可以构成一类以人员为导向的网络，擅长解决“谁能做”的问题。以知识载体为网络节点，以节点间的知识关联为连边，可以构成一类以知识存在为导向的网络，擅长解决“如何做”的问题。上述几种节点可以混合出现在网络中，形成复杂的协同网络结构。

在企业内部，其协同主体既可以是团队成员，也可以是技术、产品服务等。主体之间的关联信息就包括了隐性知识和显性知识的相互互补和相互交互。企业内部的协同形式与企业的组织特性紧密相关。从企业组织管理层来看，由于管理层结构中拥有明确的层级结构，即网络的协同主体之间拥有组织从属关系，必然会拥有一个核心主体，并且没有异质性，主体与主体之间具有完备的协同关系。但是在现实中，这种完整的协同关系很难形成，主体与主体之间的协同关系多少会出现缺失的现象。从企业组织技术层来看，以虚拟组织为代表的新型组织形式被广泛采用。虚拟组织往往由多个具有共同组织目标的主体共同建立而成，主体之间虽然可能具有不同的组织文化，但彼此信任且资源共享。它实质上就是异质的主体之间进行协同，因为在现实中很少有主体地位平等并且协同关系完备的异质类协同网络，即在异质的群体之间具有不完备的协同关系，在这个网络中，我们可以要求每个异质的群体，根据共同的协同目标，制定流程计划。那么可以将各自的流程计划看做网络中的节点，而知识共享则是连接节点的链锁。

在企业内部协同网络结构中，节点与节点之间的连线代表网络主体之间知识与信息的关联。信息作为知识的载体，它的管理与知识协同有着密切的联系。从知识的获取、发掘、共享到创新、协同的过程中，涵盖了众多的技术以及工具。在虚拟组织的内部，知识的协同主要包括团队内部的知识的共享以及成员与成员之间的知识共享，它更加注重知识动态分享以及创新的过程。同时，由于不同的社会网络结构的连通性、稳定性和抗损毁性不同，因此在企业内部知识协同网络中会存在若干个“关系洞”，以及一个或几个中心度较大的“知识核心”节点。

9.1.2　基于 Web 2.0 的协同过程

知识协同是知识主体之间以及其他关联的集合，因此知识协同活动的过程也是围绕着这些内容展开。冯博（2006）将知识协同的过程分为知识分析、发掘、重构、整合与创新五个过程，并且建立了一个知识协同的一般过程模型，揭示了知识协同的本质，他从知识客体的角度展现了知识协同的过程。知识可以分为概念层、规则层和方法层。概念层是领域知识，即描述特定应用领域中的主要静态信息和知识对象。规则层是推理知识，即使用领域知识的基本推理步骤和规则。方法层是任务知识，即描述一个应用所要达到的目标是什么，以及如何通过将任务分解成子任务和推理来实现这些目标。实际上知识的创新是以知识主体的活动为前提的，在 Web 2.0 环境下，企业 Web 2.0 环境，如企业论坛、企业维基百科、企业博客、企业微博等都为企业内部成员及企业之间的知识的共享与创新提供了一个新的环境，为企业内部成员及企业之间提供了更多沟通和交流的机会。Web 2.0 环境下的各种"去中心化"活动也为挖掘知识关联强度创造了条件。一般大众化的 Web 2.0 环境中参与者纷杂，流动性大，传播的信息和知识的种类、质量、形式也有很大的差异性，因此很难形成协同的效应。而企业或企业联盟在使用 Web 2.0 工具进行知识管理时，拥有明确统一的目标、严格参与者的身份认证、明确参与者之间的相互关系，构建的管理平台从功能上讲是一个实践平台，从参与成员的身份的角度来讲是一个专业性平台，从成员的交互动机来讲是一个兴趣平台，这样的环境有助于建立较强的知识关联，产生协同的概率比较大，可以促进开展协同创新活动，最终实现成员所拥有的知识协同的过程。相对于一般的知识协同的过程，Web 2.0 环境下的企业内部知识协同的过程将围绕知识可视化、Tag 聚类、基于 Web 2.0 的知识重构与整合、基于 Web 2.0 的知识创新展开。

9.2　知识协同网络的机制分析

9.2.1　知识流动与扩散机制

知识在企业内部及外部之间进行传递有两种途径：一种是人员（或知识载体）

的流动，另一种是知识本身的转移。这两种方式各有其特点：人员的流动过程比较快捷，在经济利益的驱动下最稀缺的知识能得到最优的配置，但人才的流动将使包括环境知识在内的部分知识失效；知识的转移过程较慢、成本较高，但知识扩散能实现知识的重新组合，增加人力资本，提高工作效率。研究表明，高水平的人员流动有助于提高劳动力的整体知识水平，促进知识创新活动。某个企业的人员流动到另一个企业，他所拥有的专业知识和技能也相应地被传播到这家企业，并且这种知识和技能会很快转化为现实生产力，通过新产品和新的制造工艺反映出来。企业人才的流动将带动知识的合理分配，加速企业的技术创新，因此，充分利用人力资源的流动所产生的知识和技术的扩散，可以更好地帮助企业不断创新和发展。正因为如此，这两种方式在知识协同网络的流动中均有出现。比较而言，知识的转移过程比人才的流动过程要复杂得多，更难以观察和控制，因此知识协同网络的知识创新需要把知识扩散机制作为重点来进行研究。

显性知识能够编码、结构化并且能以系统方式表述，因此可以通过存储编码实现知识的发送和接受。因此，企业可以在信息技术的支持下建立知识库，需求者可以在需要时到知识库寻找自己所需要的知识（不一定需要知识供求双方面对面的交流）。而隐性知识因其高度个体化、难以形式化，使转移过程复杂化。我们定义引发新知识的原有知识为源知识，定义新知识为源知识的次生知识。知识扩散过程是知识从源知识节点向次生知识节点传递的过程，涉及的要素有要转移的知识、源知识节点、次生知识节点、源知识节点与次生知识节点之间的距离等。从知识的范畴看，可以通过把企业的各个核心功能模块中的知识按照知识领域进行分解，所分解出来的每个知识领域下又包含多个知识目录。例如，“研发”这个功能模块覆盖了服务外包流程设计、服务设计等知识领域，其中服务设计中的知识又包括服务设计标准、服务过程模型等。

源知识节点是要转移的知识的拥有者，源知识节点的转移意向、保护意识、对次生知识节点的信任程度都会影响到知识扩散的效果。源知识节点把知识扩散给次生知识节点的意向越弱，保护意识越强，隐性知识就越难以转移。源知识节点的转移能力也会影响到隐性知识的转移：在转移知识的过程中，源知识节点的角色应该是新知识的孕育基础，根据次生知识节点的特征对知识进行适当分解，以合适的方式转移知识。源知识节点的转移能力越强，越有利于隐性知识的转移。

次生知识节点是转移知识的接收主体，次生知识节点是否存在明确的从源知识节点汲取知识的战略意图、次生知识节点的具体参与人员吸收知识的主动程度影响着知识转移的效果。一般地，次生知识节点的知识吸收意识越薄弱，隐性知识就越难以转移；次生知识节点的知识吸收能力越弱，隐性知识的扩散也就越困难。源知识节点与次生知识节点之间的距离有两层含义：一是文化距离，即成员之间的文化差距；二是成员之间的空间距离。

隐性知识自身也会影响到知识的转移，主要影响因素有知识的复杂度、形态、专用性。知识的复杂度越高，技术原理越深奥、结构越复杂、专业性越强、信息含量越大，能够理解和掌握这些知识的人就越少，可转移性就越差。尤其值得注意的就是知识的专用性，知识的专用性指的是知识对源知识的依赖程度，即这些知识只对源知识有价值，一旦离开源知识，价值下降的程度就比较大。

9.2.2　知识协同网络的连接机制

知识协同网络节点之间具有平等合作关系的长期性、利益互补性及组织形式的开放性等特点，这就决定了节点之间联结机制的复杂性。尤其是对企业之间的知识协同网络而言，企业的文化冲突、目标差异、资源贡献以及机会主义倾向、利益分配不均衡等都会影响联结的稳定性。知识网络节点之间的合作不是基于利他，而是基于虚拟组织共同的利益和目标，因此利益机制是核心机制。为了保障共同利益或目标实现，组织间的信任关系是连接能否持久产生效果的关键因素。

知识协同网络的成功依赖于网络的整体绩效，包括网络中的各个企业节点。节点之间的信任能够有效地提高知识协同网络的绩效和性能，主要表现在彼此信任的知识协同网络节点企业的知识共享和知识创新改善上。然而，由于不完全信息、不充分信息、法律制度环境不完善等原因，造成了网络节点企业间的信任缺乏成为普遍现象。合作中的一方不信任对方，另一方会迅速地预知其自身的信任行为无法得到回报。信任缺乏会引发知识协同网络节点企业之间的信任危机，造成合作关系的非正常终结。

基于知识的供求，企业同外部组织形成了以联合体、项目组及虚拟组织为代表的多种形式的知识网络。节点各方为了一个共同的目的即知识共享与创新而进行合作，但因合作各方有着各自不同的战略部署，成员因隶属不同的组织而有着不同的工作习惯与思维方式，合作中一般都不是一帆风顺的，意见分歧会随着项目进展不断出现。因此，成员之间要建立起一个有效的协调机制，指定专人负责与其他各方沟通协调，既包括各管理层的协调，又包括各层次负责人的协调以及他们之间的相互协调。为此，在知识协同网络中应建立专门的伙伴关系协商沟通层。合作双方的协同沟通存在于知识协同网络运作的整个过程中，伙伴关系协商沟通层支持所有的合作内容，能够促进信任关系的形成。沟通为企业间有意义的、及时的、正式或非正式的信息共享，主要的协商沟通策略包括直接正式沟通策略、网络沟通策略、非正式间接沟通策略、信息反馈沟通策略以及基于交互技术的沟通策略等。正式沟通策略指通过公司公文的形式就伙伴关系的判断及预期结果进行沟通。网络沟通策略指核心企业与其他知识网络节点企业之间以广域网或者虚拟专网为媒介进行沟通。信息反馈沟通策略指企业间进行的多回合沟通方式。基于交互技术的沟通策略是在计算机协同工作环境的支持下，进行请求、达成一致意见、承诺的人与人交互的方式。使用交互技术实现了知识协同网络的节点企业之间的自动协同，能够降低交易成本，增进节点企业之间的信任，适合在缺乏基于经历的信任的情况下建立信任关系。

9.2.3 知识协同网络的演化机制

知识网络中的节点是具有知识的组织，可以看成一个知识个体，知识个体的发展主要依赖于个体内部的知识存量、知识积累及在此基础上的知识学习、知识吸收与应用能力，较少依赖其他个体的知识作用。因此，对于个体间没有特定知识关系所构成的知识网络来说，个体将必然被各自的知识强化，自我增进总是强于交互增进，知识网络将不可避免地处于动荡不安的不稳定状态。只有依赖一定的知识关系所构成的知识网络才能形成稳定结构，具有比单个个体更强的生命力，呈现群体优势，并且每个个体也能够在合作中互利互惠、共同发展，形成多赢局面，从而才能向更高水平发展。

对于由多个企业组成的创新网络来说，即使每个企业的创新能力都很强，但是，如果企业之间的知识不属于相同类型，创新能力也不具有互补性，那么，企业之间的知识吸收与应用变得几乎不可能，也无法形成密切的合作及在此基础上的知识交互增进，网络是不稳定的。只有当企业之间所掌握的知识类型相同或相似、所具有的创新能力具有互补性时，企业之间的知识吸收与应用才有可能，网络创新中的分工与合作才能变得有序、相互依赖、不可或缺，网络也才能达到一种稳定状态，产生显著的创新绩效。

知识网络是一种非线性的复杂网络，具有自复制、自生长、自适应等多种复杂行为，这使得网络在适应外部环境变化时的选择优势表现在群体上，新的个体不易取代已经建立起来的知识网络。但网络在其稳定的自复制过程中会出现复制误差，新的个体便可能从复制误差中产生，并使个体之间形成新的知识相互作用，还能够推动网络越过不稳定性而形成一种新的稳定秩序。知识网络正是乘个体自复制的误差之机，通过自然选择保留有意义的变异，使网络结构不断适应外界环境的变化，向更高的复杂性生长。这种结构变化是在自然规律的支配下自然产生的，是一种自组织过程，不需要任何外部力量的驱动和维持。

知识网络复制、变异与选择的结构优化机制，为解释和说明企业创新网络的演化，提供了理论依据。当网络中的两个合作企业在自复制的过程中，其中一个企业产生了变异，如果该变异所具有的增量和新知识是另一个企业所需，也有利于变异的复制，那么变异就会自发地加入网络中，形成新的稳定结构。经过如此不断的复制、变异和选择，创新网络的结构向多元的超循环方向演化，对外部环境的适应能力逐渐增强，群体竞争优势也随之不断提高，达到了更高的发展水平。

9.3　基于复杂网络的演化分析

复杂网络理论从 1999 年无尺度网络的发现开始，因其理论的巨大潜力，能够揭示经济社会中大规模复杂系统中的隐藏规律而成为物理、生物、社会学、经济管理等各学科研究人员的得力研究工具，迅速发展成为国际上发展神速、炙手可热的研究前沿领域。复杂网络是具有复杂拓扑结构和动力行为的大规模网络，它是由大量的节点通过边的相互连接而构成的图。复杂网络的节点可以是任意具有特定动力和信息内涵的系统的基本单位，而边则表示这些基本单位之间的关系或联系。复杂网络是对复杂系统进行定量描述的工具，可以对复杂自适应系统进行建模和分析。如果把知识系统中的“要素”和“关系”分别抽象成节点和边，那么可以利用复杂网络理论对知识系统进行建模与分析。朱冰心等（2007）从复杂网络角度展开的研究表明，网络中的强联系能有效克服跨部门复杂知识转移的困难，弱联系是促进隐性知识转移的重要途径；信任及情感连带等关系使知识转移更为容易。曹高辉等（2011）以某一特定的虚拟团队为案例，采用 SNA 分析方法研究了虚拟团队内部知识共享机制，研究发现网络可达性和小团体的数量会影响团队内部知识共享的效率。Adam 等（2004）较早以网络形态研究知识协同管理思路，提出了一个基于全球化知识和本地化知识的企业间协同网络框架，认为框架中跨企业业务应该被协同地计划、执行和控制。

9.3.1 知识协同复杂网络的度量

1. 网络度分布

复杂网络的主要统计特征之一就是度分布，节点 i 的度 k_i 就是与该节点连接的其他节点的数目。网络中的 k_i 分布情况可用分布函数 $P(k)$ 来描述。$P(k)$ 就是一个随机选定的节点的度恰好为 k 的概率。

度是网络节点的属性中最简单但也是最重要的性质，节点的度越大代表这个节点越重要，常常拥有资源和地位的优越性，对其他成员有很大的影响力。

2. 平均路径长度

假设网络中所有边的权值是相等的，并定义连接 i 和 j 两个节点的最短路径上的边数 d_{ij} 为这一对节点之间的距离，那么网络的平均路径长度（Average Path Length，APL）就是网络中所有节点对之间距离的平均数。

3. 簇系数

簇系数表示网络中某一节点的两个相邻节点也相邻的概率，反映网络的集团化程度。簇系数是这样定义的：设网络中节点 i 的度为 k_i，也就是说有 k_i 条边将它和其他节点相连，那么这 k_i 个节点就称为节点 i 的邻点。这 k_i 个相邻节点之间，在忽略重边的情况下最多可以有 $k_i(k_i-1)/2$ 条边（无向边）。节点 i 的簇系数 C_i 可定义为在节点 i 的 k_i 个相邻节点之间实际存在的边数 E_i 和这 k_i 个节点之间

最多能有的边数 k_i（k_i-1）/2 的比值。若一个网络包含 N 个节点，那每个节点簇系数的平均值就是这个网络总的簇系数。

4. 介数

介数有两种，分别是节点介数和边介数。介数表示的是网络的一个全局变量，它反映节点或边在网络中的影响程度。若某个节点或边被其他许多条最短路径经过，就说明该节点或边在网络中的地位很重要。介数可以用来定量地描述某个节点或边在网络中的重要性。

9.3.2　LBA 模拟算法分析

最初对复杂网络的研究都只局限于无权网络，即不考虑网络中节点之间边的权重，所有的边都具有同样的性质。BA 模型正是研究无权网络演化机制的，它为了解释幂律分布的产生机理，结合实际网络的演化特征，总结出增长机制和择优连接机制。在网络的演化过程中，节点的合作关系并不是无限扩张和增长的，网络节点通常只会考虑与有限的合作节点（人员、载体等）进行合作，因此节点的承受能力是有限的，属于一种节点度有限模型。如果每次网络的新节点的边数 m 比较大，而网络中节点的承受能力有限，即节点度不是无穷的，是一个有限的数。在初始节点数较少的情况下开始演化，不久许多节点的度就会达到最大限度值，而当新节点再次进入网络时，没有更多的旧节点可与新节点相连，最终导致网络演化停滞。虽然在 BA 模型中，如果不限制网络的节点度，随着无限演化的进行，一些节点的度值将会远离实际网络的结构特征。为了更精确地对现实网络进行模拟，演化模型中必须考虑节点度有限这一特征。然而，BA 模型有两点不明确：一是初始网络没有完全设定，只说明开始给定 n_0 个节点，它们之间如何连接没有阐明。如果假定是孤立节点，那么择优连接将无法进行。二是当 $m>1$ 时，连线只能一条条地加入。本书试图对 BA 模型的上述问题进行修正，并考虑节点度有限这一条件。在网络的演化过程中，新节点进入网络时，依择优原则与网络中的 m 个旧节点连接，若这 m 个节点中有 m' （$m' \leqslant m$）个节点的度达到了最大限度 M，则新边择优地与 m' 个节点的某个邻居节点相连，直到全部新边连好，再进入下一步演化。因此，加入节点度有限的条件后，新的演化模型

LBA 的算法为：

Step1 初始：网络起始与 m_0 个节点。

Step2 增长：在每个时间步长内重复增加一个新节点和 m'（$m' \leqslant m_0$）条新连线。

Step3 择优连接：新节点按照择优概率 $\Pi(k_i)=k_i/\Sigma_j k_j$ 选择旧节点 i 与之相连，其中 k_i 是旧节点 i 的度数。

Step4 连接更新：若 m 个节点中有 m'（$m' \leqslant m$）个节点的度达到了最大限度 M（$M \geqslant m$），则新边以择优概率 $p = k_s \Big/ \sum_{l=1}^{k_i} k_l$ 与 m 个节点的某个邻居节点相连，其中 s 代表某个邻居节点，l 代表任意邻居节点。

利用 Matlab 进行过程仿真，对网络度进行分析。取常数 $m_0=m=3$，$N=3000$，$M=\{200，1000，2000\}$，分别模拟不同 M 值下网络的演化过程，得到度分布如图 9.1 所示，证明基于 LBA 的知识协同网络具有无标度性。

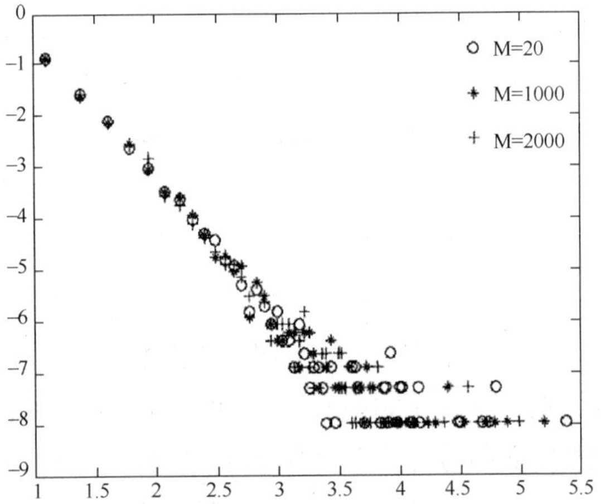

图 9.1 基于 LBA 的知识协同网络的度分布

对于服务外包企业的知识网络而言，网络中总有一些发展迅速的企业。为了提高效率，适应竞争的需要，在网络演化的进程中，这些企业的分工将不断细化，会由原来的单个或几个企业，逐渐分化出专注于不同业务的许多企业，企业越来越多。企业之间的合作和相互作用也越来越紧密，出现了具有特定功能的企业联盟，如 IT 服务企业等。这类现象说明：在知识网络演化的进程中，不同的个体发生变异的概率是不同的，一些自我增进和交互增进较强的个体发展强劲，自复制过程中的变异概率大，能够产生新的个体，并通过 LBA 选择机制，加入网络中。新的个体在母体的带动和影响下，又会产生更新的个体，进而在选择机制的作用下，也会加入网络中，如此不断地复制、变异和选择，便形成了以某种特定功能为核心、相互依存、紧密相连的若干个体的集聚，构成了具有特定功能的个体联盟；相对来说，一些自我增进和交互增进较弱的个体发展缓慢，变异概率小，难以出现新的个体和个体集聚，即使出现了集聚，所形成的规模也较小。同时，随着外部环境和自身竞争能力的变化，网络中的联盟规模还可能进一步扩大，也可能会缩小。知识网络正是通过联盟、联盟规模的扩大和缩小，衍生若干具有特定功能的子网络，并使网络整体效率和功能不断提高和完善。对于知识的变异，我们尝试给出如下的判断函数进行判断。当源知识发出后，有可能会引起次生知识的发生，因此，可以令源知识引起的次生知识集合为

$$A=\{F(m_1),F(m_2),\cdots,F(m_n)\}\text{，其中 }F(m_i)=E(R_1,R_2,\cdots,\omega_1e_1,\omega_2e_2\cdots)$$

我们把引发次生知识的知识也作为相关影响因素，而这里 E 函数则代表相关因素综合影响函数，R_i 为单一知识 i 的演化函数，它对 E 函数及 E 函数中其他因素都有很大的影响。E 函数中的参数 e_i，代表的是对次生知识的产生起到不同程度的影响的相关因素，譬如一些媒体、谣言、通信网络、报纸、电视、广播、政府网站等在知识的演化过程中所扮演的角色。E 函数中的 ω_ie_i 为影响因素对次生知识的影响权重。

对于 E 函数中 R_i 函数的分析：R_i 是单一知识 i 的演化函数，它的值直接影响相关联的次生知识的爆发。对于每个单一知识 i，存在影响函数阈值 R_{it}，即单一知识的影响效应达到阈值时，将直接触发次生知识的爆发。当 $R_i<R_{it}$ 时，单一知识对次生知识的影响具有模糊性。

9.4　仿真结论

本章对知识协同网络的构成、协同过程等机理进行了分析，研究了知识协同网络的知识扩散机制、网络连接机制，以及网络演化机制，并以服务外包型企业

为背景构造了节点度有限的知识协同演化模型（LBA），对网络度进行仿真研究。LBA 模型可以有效解决传统 BA 模型在演化模拟过程中的规模爆炸问题，可以有效控制参与知识协同的企业规模数量。并且，作为对知识协同网络中协同主体知识变异判断方法的一种尝试，模型中建立了源知识与次生知识间的关联关系函数，对知识协同过程中新知识的产生进行判断。通过仿真分析，证明在初始为 3 个节点、节点有限度分别为 200、1000、3000 对的情况下，基于 LBA 模型的知识协同网络依然具有无标度性，所构造的知识协同网络符合复杂网络的特征。

第 10 章　服务外包虚拟团队知识协同绩效的影响因素研究

在服务外包、IT、创新研发等领域，知识创造是其最终目的，而知识协同正是实现有效知识创造必不可少的途径。通过虚拟团队进行知识创造固然具有不受时空限制、组织灵活等优势，但同时也正是人员多样化、组织灵活等特点导致知识协同绩效的提升成为知识创造的关键要素。组建和运作高效的适合于项目创新的虚拟团队往往成为一个项目能否成功的关键。

服务外包是一种由发包商和接包商构成的、不断互动的、复杂的跨组织合作关系网络，表现出明显的关系导向特征，项目完成期间伴随着持续的正式和非正式知识传递行为，是一种知识密集的协同工作模式（周海炜等，2012）。服务外包中的知识传递，接包企业处于从属地位，需要不断努力从发包企业获取业务知识，并进行内外知识整合，以交付符合需求的知识产品。但是，接包企业一直存在着较大的知识整合困境（赵大丽、左美云，2011），由于知识复杂性、契约不完备性、组织差异性及客户知识保护行为等因素存在，知识传递并不顺畅。

此前的许多研究集中于揭示接发包企业之间知识传递的影响因素方面，并对知识转移与外包绩效（或外包成功）之间的关系进行探讨，如 Lee（2001）、Karhu 等（2007）、Liu 等（2010）、田野等（2011）试图解决接发包企业之间、项目团队之间的知识尤其是隐性知识转移的难题。研究表明，接发包企业之间的知识共享、接包企业的知识获取能力均对外包绩效或外包成功有重要作用。

对于接包企业的外包绩效，大家比较一致地认为项目质量、项目成本、客户满意是衡量外包成功的关键指标（邓春平等，2008；周海炜等，2012）。社会资本经常被当成前置条件，考察其与知识共享/转移、知识管理能力、外包绩效（田雯，2011）之间的关系。但是，知识转移/共享对企业知识资本和社会资本的影响，外包项目成功后的知识资本和社会资本的增值，一直未能纳入绩效评价的研究范畴。

10.1 基于社会网络的知识协同绩效研究

10.1.1 社会网络视角知识管理的研究现状

从社会网络视角进行知识管理、知识转移的研究并不是一个新的课题。早在1999年Adereas就认为知识网络是知识参与者间的一种社会网络，通过个人、团体、组织与内部等层次上的知识创造与传递，实现价值创造。Hansen（1999）提出了弱联系更有利于知识转移的观点，揭开了从社会网络和社会关系角度进行知识共享和知识转移研究的序幕。Qiang 和 Nagurney（2005）研究了知识协同网络，并给出了一个知识网络协同模型。目前不少研究文献采用实证研究范式，针对不同的社会网络特性对知识管理、知识共享或知识转移的影响关系进行不同层面的论证。例如，基于社会网络视角，研究网络特性对知识转移效果的影响（朱亚丽，2009）；研究网络结构通过社会资本中介变量对知识转移的影响关系（曲刚，2011）；以社区网络为对象，研究社会网络特性对社区知识创造的影响（沈惠敏等，2013）；研究网络结构特性、网络关系特性对知识共享绩效的影响等（Tonguy，2006）。

朱亚丽（2009）在其研究中，以企业间知识转移效果为研究对象，以知识源企业个体属性（发送意愿、发送能力）和知识接受企业个体属性（接受意愿、吸收能力）为中介变量，论证了知识源企业和知识接收企业网络特性（联结强度、网络密度、网络范围、网络中心度）对企业间知识转移效果的影响关系。而根据沈惠敏（2013）的研究结论，社区网络特性（网络密度、连接强度）对社区知识创造具有重要的影响。良好的社区网络有利于形成有效的协调氛围，且社区成员连接强度高，有利于增加协同工作机会，从而提高社会知识创造绩效。

从以上现有研究可以发现，社会网络特性对知识管理的作用已经得到了论证，其影响关系的存在是肯定的。所不同的是，不同研究对象，不同研究情境下，其作用的发挥机制可能有所不同；且知识协同是一种动态过程，其作用机制也将有所不同。因此，在研究虚拟团队知识协同绩效时，社会网络特性将是一个不可或缺的关键因素。

目前，已经有学者从社会网络视角对虚拟团队知识管理问题进行研究。例如，Petra 等人（2006）利用社会网络方法构建了虚拟团队知识转移的理论框架，研究如何组织虚拟团队的组织性知识和如何解决问题的任务知识的激励问题，他们发现信任及情感连带等社会关系使得知识转移更为容易。Yanli（2010）以某一特定的虚拟团队为案例，采用社会网络分析方法研究了虚拟团队内部知识共享机制，研究发现团队成员之间的情感连带有益于知识共享，网络可达性和小团体的数量会影响团队内部知识共享的效率。尽管从社会网络视角对虚拟团队知识管理问题的研究并不是一个新课题，但是就知识协同绩效问题的研究文献目前仍然不足。

10.1.2　理论模型与假设

如果把虚拟团队作为一个系统来看，无论从输入（团队的组成和资源获取）还是从输出（产出形式：新产品、新知识），我们都可以判定，虚拟团队是以知识创新为目的而存在的。而有效的知识协同机制正是知识创造、知识创新的良好途径。知识协同绩效包括知识协作的效率和知识协同的效果两个方面，其中知识协同的效果中强调的资本增值，是知识活动的结果，是输出变量；知识协作的效率，即有效性、准确性，是一种协同状态变量，介于输入变量与输出变量之间。在输入变量方面，我们主要考虑个体属性、网络特性、团队属性三个因素。在此基础上，我们提出研究概念框架及其理论模型如图 10.1 和图 10.2 所示。

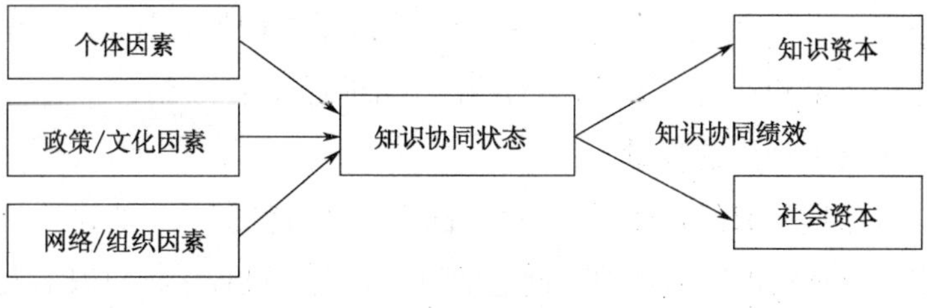

图 10.1　研究概念框架

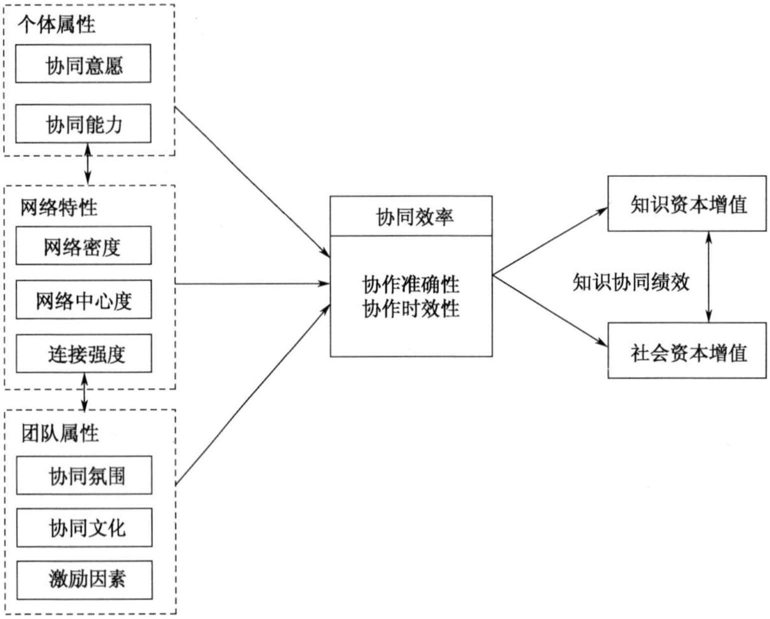

图 10.2 初始理论模型

1. 知识协同绩效

知识协同的过程是人与人之间的知识互动，知识主体运用自身拥有的知识，与得到的他人知识相整合，形成新的知识。由于知识资本的无形性、共享性、非损耗性，知识协同的效果除了交付给客户的最终知识产品（以产品或服务作为载体）外，知识产品内含的知识成果同时成为企业知识资本的增值部分，表现为个人、团队能力的提高、经验的积累、流程的改善，又表现为显性知识的增加（经验总结、过程文档、知识库等的增加）。此外，知识协同是个体知识需求者寻找知识提供者并与其进行知识互动的过程。在这个过程中，知识主体之间的联系趋强、连接增加，知识主体之间的信任、互惠、尊重认可增强，他们的语言、立场、观点趋于一致。这些增量，就形成了社会资本总量的增加。因此，知识协同的效果可以从知识资本和社会资本的增值两个方面进行度量。

（1）知识资本视角的度量

知识资本包括所有经过知识的获取、创新以及有价值关系的建立等智力活动所创造的资产。而知识协同是知识创造的过程，在此过程中，知识工人的能力得到提升，知识得以更新和扩展，组织环境和业务流程得到改善，这些都属于知识资本的范畴。因此，知识协同的结果将导致知识资本的增加，换言之，可以使用知识资本的增值来度量知识协同的效果。

（2）社会资本视角的度量

连接主义将社会资本的概念引入知识协同。社会资本是由社会连接和社会互动所产生的利益、价值或资产等，当分析知识创造时，研究者都将社会资本作为主要研究要素之一（Janine Nahapiet，1998）。

知识协同的目的是知识创造。虚拟团队的知识创造是不断通过社会网络获取社会资本的过程。虚拟团队的社会资本对知识创新有正向促进作用，有利于知识协同；知识协同意味着知识网络中连接的增强和新连接的增加，促进了社会资本的增值。因此，知识协同的结果将导致社会资本的增加，换言之，可以使用社会资本的增值来度量知识协同的效果。

（3）知识协同效率对协调绩效的促进作用

知识协同的效率体现在知识协同的准确性和时效性两个方面。其中，准确性主要指知识资源的可获性、丰富性与关联性，虚拟团队解决问题所需协作的次数等；而时效性主要指知识搜寻的时间、知识转移的时间、技术的可靠性等。

当虚拟团队中的知识协同准确性提高时，将有助于更高质量的知识资本增值，以及更为有效的社会资本的增加，知识协同的绩效将得到提升；当知识协同的时效性增强时，知识资本和社会资本的增值将加速，知识协同的绩效将同样得到提升。因此，本章提出以下假设 1：知识协同效率与知识协同绩效呈正相关关系，知识协同的效率越高，其绩效越高。

2. 社会网络特性与知识协同效率

（1）网络密度

网络密度是社会网络的结构性指标，是指在该网络中实际存在的连线和可能数量的连线的比率（王学东，2009）。它描述的是网络中关系节点之间的紧密程度。网络密度越大，节点之间的联系越紧密；当网络密度趋近于 1 时，每个节点都与其他节点之间建立了直接的强关联，即每个个体都在其他个体的“视线”之内（Coleman，1988）。该网络结构中的节点关系有利于形成较强的信任机制，这种信任机制对于知识共享、协同以及合作等关系的形成具有积极的作用。

在虚拟团队中，每个节点都是一个独立的知识载体，这些独立的个体之间以一种跨时空、灵活的方式组成一个知识流通的网络结构。在虚拟团队网络中，网络密度越大，说明知识载体之间的关系越紧密。密度越大，虚拟团队内部知识共享的节点对就越多，知识协同的效应就发挥得越好（王学东，2009）；网络密度对个体之间知识转移效果也具有重要的影响（Ingram&Robert，2000），即网络密度越大，虚拟团队个体之间的关系就越紧密，越容易形成较为信任的知识转移通道，这种信任机制有利于提高个体之间知识协同的准确性和时效性，从而提升协同效率。因此，本章提出以下假设：网络密度与知识协同效率呈正相关关系，网络密度越大，知识协同效率越高。

（2）网络中心度

“中心性”（Centrality） 是社会网络分析中用来区别网络地位的基本概念。社会网络分析方法利用“中心性”来测量个人或者组织在社会网络中居于怎样的中心地位。从点度中心性角度，分析网络中的位置问题，可以使用“点度中心度”和“点度中心势”两种指标。“中心度”是用来描述图中任何一点在网络中占据的核心性，而“中心势”是用来刻画网络图的整体中心性。本章将采用“点度中心度”指标作为刻画社会网络特性的一个变量。

根据社会网络理论，点度中心度是根据与该点有直接关系的点的数目来测量的。即如果一个点与其他许多点直接相连，就说明该点具有较高的点度中心性。在网络结构中，一个节点与其他很多节点具有直接连接，该节点就居于网络结构的中心地位，从而拥有较大的资源获取权力。一个核心点是那种处在一系列关系的“核心”位置的点，该点与其他点有众多的直接联系。

社会网络为知识协同提供了有效的知识流通途径和协同创新平台。处在网络结构中心位置的关键节点，对网络结构中的知识共享和协同起着重要的作用。例如，网络中心度对知识接受者的知识获取以及创新绩效具有重要影响（Tsai，2001）；网络结构（中心性）和知识多样性等个人人际网络特征变量正向影响虚拟团队成员绩效（陈璐，2009）。根据社会网络理论，个体在网络中的中心度越高，其中心地位越强，与其他个体的联系越多，与其他个体之间进行知识交换的途径和通道就越多，就越有利于该网络中的知识协同。可见，在虚拟团队构成的社会网络中，个体的中心度越高，其知识协同的准确性和时效性就越高。因此，本章提出以下假设：网络中心度与知识协同效率呈正相关关系，中心度越高，知识协同的效率越高。

（3）连接强度

网络密度和中心性是社会网络的结构维度指标，而连接强度是关系维度指标。关系维度是对结构维度的有益补充（姚小涛，席酉民，2008）。有关连接强度对知识共享和知识转移等的影响的研究成果颇多。研究发现，连接强度在群体间知识转移过程中充当着非常重要的角色（Hansen，l999；Uzzi，1996，1997；Uzzi&Laneaster，2003）；从知识源角度，连接强度、网络密度、网络范围在个人之间的知识转移过程中也具有重要的作用（Reagans&MeEvily，2003）。当项目团队中个体之间连接路径越短，连接数量越多时，团队中节点获取的知识就越多，项目完成时间就越短（Hansen，2002），即连接强度越高，知识协同的准确性和时效性越高。因此，本章提出以下假设：连接强度与知识协同效率呈正相关关系，连接强度越高，知识协同的效率越高。

综上所述，我们可以提出假设 2：网络特性与知识协同效率呈正相关关系，加强社会网络建设有利于提升知识协同效率。

3. 团队属性与知识协同效率

（1）协同氛围

Sveiby 和 Simons（2002）在其论文中对协同氛围进行了深入研究，认为协同氛围是影响知识共享和知识创造行为及意愿的价值、信仰和设想等，并从员工态度、工作群组支持、直接管理者和组织文化四个方面展开测量。在知识协同过程中，具有不同知识背景的团队成员通过大量的相互协同作用加速实现了知识的创新，成员间的相互协同正是协同氛围的形成效果。在信息共享、互相尊重、彼此信任的良好协同氛围下，拥有不同观点和思维方式的团队成员更愿意将自己的才能和经验在组织内部、组织间进行共享。成员间的沟通和合作将有助于知识的搜寻、传输和创造，进而提升知识协同效率。因此，本章提出以下假设：协同氛围与知识协同效率呈正相关关系，良好的协同氛围将显著提升知识协同效率。

（2）协同文化

协同文化是团队在组织学习过程中所形成并得到团队成员共同认可的信念、价值体系及行为规范，表现在团队内部的凝聚力、核心理念、团队精神等方面。

协同文化是一种无形资产，很难进行价值描述和模仿，它是在团队成员长期实践过程中经过不断磨合、积淀形成的，对团队成员的行为和意识将产生约束作用。在共同的价值观和核心理念下，成员对团队将形成较强的归属感，由于在工作中体会到自由、独立和被尊重，并且感到自己的工作成果对于团队来说是重要的，成员会以共同感知的“团队精神”全方位投入团队工作中，创造出令人惊讶的成绩。例如，López 等（2004）、李光生等（2009）通过实证研究发现协同文化将对组织绩效、知识共享产生显著正相关。由此，通过形成和谐宽松、共同学习、互相激励的协同文化，团队成员相互交流知识和共享资源，从中激发出新的创意或想法，进而提升协同效率。因此，本章提出以下假设：协同文化与知识协同效率呈正相关关系，良好的协同文化将显著提升知识协同效率。

（3）激励因素

激励是激发人的行为动机，使之产生特定行为的过程。在团队协作过程中，激励措施是团队管理的一种行之有效的手段，不仅可以提升组织和成员之间的知识能力，同时也使组织和成员获得可持续发展的动力，造就核心竞争优势，在促进知识创新的同时最终实现“1+1＞2”的双赢协同效应。要想提高团队成员知识协作效率，需要建立基于个人层面和团队层面的科学有效的激励机制。一旦形成有利于知识协同和创新的奖励系统、绩效评价系统、反馈系统，可以进一步增进每一位成员的自我满足感，通过对团队成员的贡献及时给予精神和物质上的肯定，以及在工作活动中获得比较充沛的资金支持，不仅可以激励成员主动表现与发展自我，还能吸引和鼓励成员进行知识交互、共享、融合和创造，最终促进知识创新的实现。因此，本章提出以下假设：激励因素与知识协同效率呈正相关关系，良好的协同机制将显著提升知识协同效率。

综上所述，我们可以提出假设 3：团队属性与知识协同效率呈正相关关系，良好的团队协同氛围和文化，有效的激励因素等有利于提升知识协同效率。

4. 个体属性与知识协同效率

（1）协同意愿

知识协同通常是为了完成一个知识密集型的任务，因此需要团队成员具有较强的协同意愿，在协同过程中对各种形式的知识资产进行运作，彼此进行知识互补，这是知识协同的重要特征，也是知识主体之间进行协同的基础（吴悦，2012），特别是知识具有内隐性，更需要成员具有较强的协同意愿。在本书中，协同意愿是指团队成员是否愿意及在多大程度上愿意与其他成员分享自有知识，以及愿意接受其他成员知识的主观愿望，它是一个双向过程。协同不仅可以有助于个人层次知识的转化和提升，而且可以支撑团队成员各自工作目标的实现。在团队协同中，成员往往来源于不同的专业领域，所起作用各不相同，只有在员工认同知识协同观念的前提下，才能积极贡献自己拥有的知识并不断吸收知识，实现知识创新。因此，个人协同意愿将对成员在知识共享、知识转移、组织学习及知识创造中所投入的精力、时间等产生较大的影响作用，从而相应地影响到知识协同效率。因此，本章提出以下假设：个体协同意愿对知识协同效率的提升具有正向影响作用。

（2）协同能力

除了协同意愿以外，影响员工知识协同行为的重要因素就是员工的个人协同能力。个人协同能力不仅包括个体对自身需求进行准确评估的能力，而且更为重要的是包括个体能否清楚地向其他成员表达自身拥有知识的能力以及吸收知识的能力。团队成员的这种协同能力部分可能是自身天赋的结果，而更多的是受到后天环境的影响，如组织培训等。当团队成员具备良好的协同能力，知识的转化数量、质量、速度及效果将得到较大提高，对知识协作效率的提升作用也就越显著。因此，本章提出以下假设：个体协同能力对知识协同效率的提升具有正向影响作用。

综上所述，我们可以提出假设 4：个体属性与知识协同效率呈正相关关系，较强的个体协同意愿和协同能力将有助于提升知识协同效率。

10.2　研究设计

10.2.1　量表及问卷设计

本书的研究模型共涉及三类变量：自变量、中介变量和因变量。其中自变量主要包括网络特性、团队属性和个体属性三类变量；中介变量为知识协同效率；

因变量是知识协同绩效。各变量的测量维度与指标汇总如表10.1所示。

表10.1　变量测量维度

变量	测量维度	指标含义	测量题项参考文献
网络特性	网络密度	节点之间相互的连接数量，紧密程度	罗家德，2009； 朱亚丽，2009
	网络中心度	咨询网络中其他节点与某节点的直接联系数量，了解程度，咨询意愿	
	连接强度	认识久暂、互动频率、亲密话题、亲密行为	Granovetter，1973； Masden& Campbell，1984
团队属性	协同氛围	信任、分享	朱亚丽，2009
	协同文化	理解、认同、一致性	谢心灵，2010
	激励因素	薪酬、情感、投入	
个体属性	协同意愿	主动性、积极性	朱亚丽，2009
	协同能力	对工具的驾驭、对协同流程的把握等	朱亚丽，2009
知识协同效率	协作准确性	知识资源可获性、丰富性与关联性，解决问题所需协作的次数	张晓棠等，2012； 曹勇等，2010
	协作时效性	知识搜寻时间、知识转移时间、技术可靠性	
知识协同绩效	知识资本增值	社会互动增强：连接强度增强、新连接增加； 信任增强：信任、互惠、认可、归属； 共享认知增强：共同的语言、目标、观点	刘佳佳，2013
	社会资本增值	显性知识资本增值：专利/工艺/流程、模块/知识/案例库等增加量； 隐性知识资本增值：个体经验和技巧的增加、团队能力的提升、组织文化和惯例的改善	（Hedlund G，Nonaka I.，1993）

备注：量表见附录。

借鉴国内外的现有研究量表，并结合我国服务外包企业知识协同的特性，我们对问卷中的观测变量进行了改进，在此基础上通过访谈及预试进一步对问卷题项进行调整和修正，最终形成的调查问卷包含51个题项，其中，网络密度（wlmd）和网络中心度（wlzxd）有3个观测变量；网络连接强度（ljqd）有5个观测变量；团队协同氛围（tdfw）和协同文化（tdwh）各有5个观测变量；个体协同意愿（gtyy）

和个体协同能力（gtnl）各有 4 个观测变量；激励因素（tdjl）有 4 个观测变量；协同效率中的协作准确性（zq）有 5 个观测变量；协作时效性（sx）有 3 个观测变量；知识协同绩效的两个维度即知识资本增值和社会资本增值各有 5 个观测变量。所有题项均采用里克特 5 度量表进行测量（1=极不同意，2=不同意，3=说不清，4=同意，5=极为同意）。

10.2.2　研究样本

本书以服务外包企业团队作为研究主体，委托第三方调研公司于 2013 年 10～12 月进行了为期三个月的问卷调研，共回收问卷 260 份，其中有效问卷 235 份，有效回收率为 94.2%。北京百度网迅科技有限公司、北京天融信软件有限公司、广联达软件股份有限公司、北京同方鼎新信息技术有限公司、东方富仝（北京）软件有限公司等 27 家企业的项目团队接受了该问卷调查。这些团队基本都属于研发创新领域的虚拟团队，团队中被访者的职位分布包括研发经理、项目经理、高级顾问、工程师、开发人员等，无论就工作经历、经验或资历而言，均对问卷所涉及的问题具有比较好的熟悉度和敏感性，调查对象具有较高的针对性。

10.3　数据分析与假设检验

10.3.1　信度和效度检验

本书以 Cronbach's α 系数来检验各变量或因素的信度。结果如表 10.2 所示，各变量或因素的 Cronbach's α 值均超过 0.7，表明本书所使用的量表具有较好的信度。

表 10.2　各变量或因素的 Cronbach's α 系数

变量或因素	α 值	变量或因素	α 值
网络特性	0.82	协同能力	0.68

续表

变量或因素	α 值	变量或因素	α 值
网络密度	0.72	激励因素	0.78
网络中心度	0.74	知识协同效率	0.82
连接强度	0.75	协作准确性	0.75
团队属性	0.84	协作时效性	0.77
协同氛围	0.71	知识协同绩效	0.86
协同文化	0.73	知识资本增值	0.70
个体属性	0.72	社会资本增值	0.73
协同意愿	0.66		

在效度方面，由于本书所采用的问卷借鉴了已有文献的量表，并通过专家和企业界人士咨询、预试、修正，一定程度上具有较好的内容效度。为进一步考察量表的结构效度，本书采用验证性因子分析法（CFA），考察每个因子对相应变量的因子载荷量（Factor Loading）。网络特性、团队属性、个体属性、知识协同效率和知识协同绩效的 KMO 值分别是 0.739、0.838、0.768、0.710、0.865，均超过 0.5 的最低水平，且都显著。各因素的因子分析结果如表 10.3～表 10.7 所示，由于各观测变量的因子载荷均大于 0.5，说明各因子对相应潜变量具有较强的解释力，因此问卷具有较好的结构效度。

表 10.3　网络特性效度分析结果

变量及题项	主成分		
	1	2	3
我与所有的团队成员保持直接联系 wlmd_1	0.565		
在团队中有一个人和我联系非常紧密，我几乎和其他成员的所有联系他都知晓 wlmd2	0.683		
在团队中我和大多数成员保持着同样紧密程度的联系 wlmd3	0.650		
当我遇到困难时，我会请教团队里的其他成员 wlzxd1		0.739	
在处理日常事务时，我经常和团队其他成员讨论相关问题 wlzxd2		0.649	

续表

变量及题项	主成分		
	1	2	3
当我遭遇困难时，团队里的成员会主动帮助或指导我 wlzxd3		0.610	
我和团队里的其他成员之间除了工作关系还是好朋友 ljqd1			0.778
我和团队成员之间经常联络 ljqd2			0.666
团队成员之间几乎每天都会有不同程度的讨论 ljqd3			0.648
团队成员私下会一起去做些娱乐或休闲的活动 ljqd4			0.642
当我遇到困难时，他们会牺牲自己的利益来帮我 ljqd5			0.591

表 10.4　团队属性效度分析结果

变量及题项	主成分		
	1	2	3
团队成员很愿意共享一些敏感信息 tdfw_1	0.597		
团队成员相信，彼此所共享的信息是真实的 tdfw_2	0.727		
队成员都相信，每个人都愿意把正确的信息拿出来分享 tdwf_3	0.805		
我向团队其他成员咨询问题时，他们会热情帮助我 tdwf 4	0.671		
当团队其他成员学到新知识时，他们会与我分享 tdfw_5	0.558		
团队成员间能够妥善处理彼此的误解 tdwh_1		0.612	
团队成员对组织愿景保持高度认同 tdwh_2		0.686	
完成团队交付任务与我未来的职业发展能够实现双赢 tdwh_3		0.713	
我认为我在团队中承担的任务非常有意义或有效能 tdwh_4		0.711	
团队中的人际关系非常融洽 tdwh_5		0.689	
积极参与团队互动并为团队贡献的人总能获得更多报酬 tdjl_1			0.796
团队里总是对那些创造新知识或者能够为某项难题寻找解决方案的人给予更高的物质奖励 tdjl_2			0.766
团队愿意为获取新知识或技术投入资金 tdjl_3			0.825
团队成员愿意为获取新知识或技术投入更多的时间 tdjl_4			0.763

表 10.5　个体属性效度分析结果

变量及题项	主成分	
	1	2
当我向同事寻求帮助时，他们总会愿意与我分享经验和窍门	0.765	
当我学到新知识、新技能时，我会与团队其他成员分享	0.738	
共享我的知识会促进团队目标的实现	0.666	
为了实现新的构想，我会努力争取他人的帮助	0.642	
我通常能准确评估外部技术知识的价值		0.814
对引进的技术知识，我能进行局部修改以使产品或服务更适应市场		0.760
我有很强的消化外来技术知识的能力		0.678
我在工作中经常尝试新思路、新程序或新方法		0.598

表 10.6　知识协同效率效度分析结果

变量及题项	主成分	
	1	2
团队协作过程中总是能够获取到需要的知识资源 zq_1	0.694	
团队协作过程中总是能够获得准确知识及技术支持 zq_2	0.739	
团队中有统一的知识资源共享平台或共享知识库 zq_3	0.714	
遇到问题时，我能从共享知识库中搜索到需要的知识 zq_4	0.742	
遇到问题时，团队成员总能提供恰当的知识或技术支持 zq_5	0.633	
当需要知识或技术支持时，我们总是能够快速地找到相应资源 sx_1		0.730
团队的知识交流平台或工具，使我们能够进行及时的交流和沟通 sx_2		0.801
团队成员之间进行知识、资料、技术文档等的交换途径便捷 sx_3		0.833

表 10.7　知识协同绩效的效度分析结果

变量及题项	主成分	
	1	2
通过项目合作，我们团队积累了丰富的案例资料 zszb_1	0.671	
团队成员都更加相信分享知识将获得更多 zszb_2	0.730	
遇到事情，我们已经养成了相互讨论的习惯 zszb_3	0.724	
由于团队的知识协同，组织中的团队合作、协同文化不断增强 zszb_4	0.828	
由于团队的知识协同，组织中的团队组织、管理流程和制度等不断得到完善 zszb_5	0.786	
经过一段时间的合作，团队成员之间联系更紧密了 shzb_1		0.684
经过一段时间的合作，我和团队其他成员成了很要好的朋友 shzb_2		0.812
通过成员引荐，我们团队与其他团队建立了很好的合作关系 shzb_3		0.761
经过合作，团队成员相互之间更加尊重和信任 shzb_4		0.706
在团队中，每个人都可以自由地分享想法 shzb_5		0.648

10.3.2　理论模型的假设检验

本书根据理论模型，将采用结构方程模型（Structural Equation Model，SEM）来研究变量之间的作用机制，所使用的软件为 AMOS19.0。对调查数据进行拟合，得到初始结构方程的拟合度指标，如表 10.8 所示。

表 10.8　整体模型的拟合指标

拟合指标	χ^2/df	GFI	RMR	RMSEA	IFI	TLI	CFI
显示值	5.474	0.841	0.068	0.138	0.787	0.714	0.784
适配的标准	<3	>0.9	<0.05	<0.08	>0.9	>0.9	>0.9

注：χ^2/df 指卡方自由度比；GFI 是适配度指数；RMR 是残差均方和平方根；RMSEA 是渐进残差均方和平方根；IFI 是增值适配指数；TLI 是非规准适配指数；CFI 是比较适配指数。

评估模型拟合程度的指标主要有绝对指标和相对指标。从表 10.8 中可以看出，绝对适配指标 χ^2/df 为 5.474，大于 3；GFI 值为 0.841，小于 0.9；RMR 值为 0.068，大于 0.05；相对适配指标 IFI、TLI、CFI 值均小于适配临界值 0.9。总体而言，初始模型拟合度较差。另外，通过观察路径系数，发现个体属性对知识协同效率的影响不显著，具体结果如表 10.9 所示。

表 10.9 标准化路径分析

	路径系数	*P* 值
网络特性→知识协同效率	0.248	0.007
团队属性→知识协同效率	0.843	***
个体属性→知识协同效率	0.101	0.150
知识协同效率→知识协同绩效	0.775	***

注：***表示在 0.001 显著性水平下显著。

可能由于样本数据的局限性，个体属性对知识协同效率的关系并未表现出显著性，因此剔除个体属性对知识协同效率的影响路径，对模型进行修正，修正后的理论模型如图 10.3 所示，修正后的 SEM 路径图如图 10.4 所示。

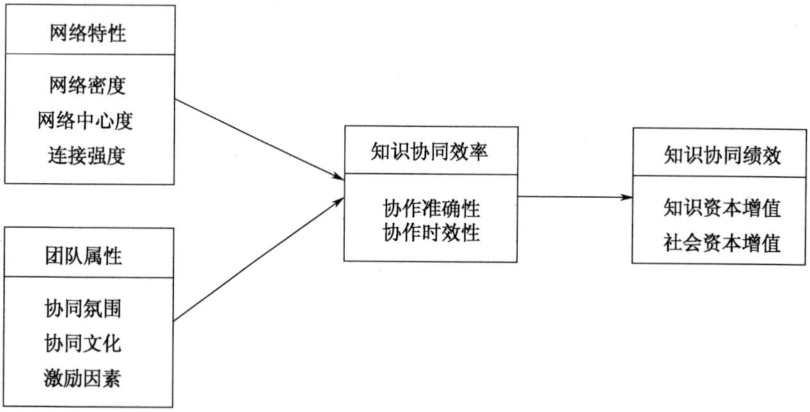

图 10.3 修正后的理论模型

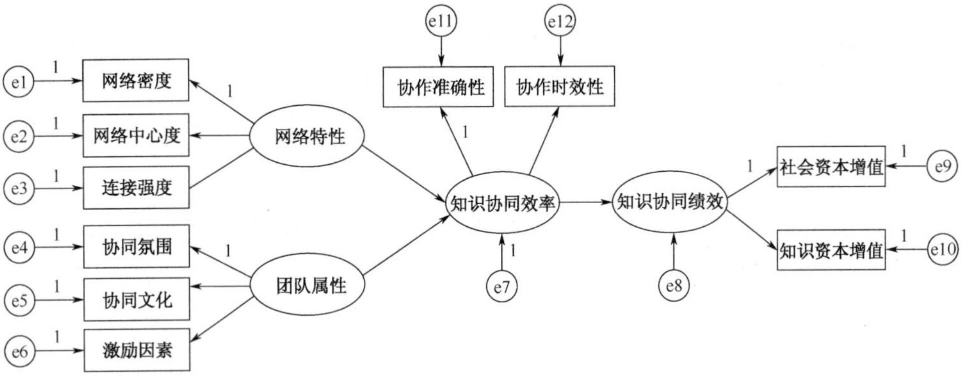

图 10.4　修正后的 SEM 路径图

利用调查数据对修正后的模型进行拟合，得到结构方程的拟合度指标，具体结果如表 10.10 所示。

表 10.10　整体模型的拟合指标

拟合指标	χ^2/df	GFI	RMR	RMSEA	IFI	TLI	CFI
显示值	3.289	0.917	0.059	0.0779	0.898	0.855	0.897
适配的标准	<3	>0.9	<0.05	<0.08	>0.9	>0.9	>0.9

评估模型拟合程度的指标主要有绝对指标和相对指标。从表 10.10 中可以看出，绝对适配指标 χ^2/df 为 3.289，大于 3；RMR 值为 0.059；大于 0.05；GFI 值为 0.917，小于 0.9；相对适配指标 IFI、TLI、CFI 值均小于适配临界值 0.9；RMSEA 值小于 0.08，虽在合理的范围内，但未达到小于 0.05 的适配良好标准。总体上看，初始模型拟合度稍差，其中一个可能的原因是数据分布不符合多元正态分布。由于 SEM 采用最大似然法，要求数据符合多元正态假设，否则会造成卡方估计值膨胀，使得模型适配度变差。通过设置 AMOS 输出分析结果，得到正态分布检验。结果显示：量表的多元峰度绝对值为 33.498，临界比值为 16.573，如表 10.11 所示。

表 10.11　联合正态分布检验结果

指标	峰度	临界比值
多元变量	33.498	16.573

有学者指出，当峰度绝对值小于 10 时[①]，或临界值小于等于 5 时，表明数据基本服从正态分布。由于模型的峰度值远大于 10，因此可以认为，数据的分布形态不能满足联合正态分布。如果不满足这一假设，可采用 Bootstrap 法重新估计模型并加以修正。

在 AMOS 结构方程模型中，设置 2000 个 Bootstrap 样本进行 Bollen-Stine Bootstrap 运算。结果表明，模型在 1897 个 Bootstrap 样本中具有较好的适配度，在 103 个 Bootstrap 样本中适配度较差，Bollen-Stine Bootstrap 显著性概率为 0.052。因此，可利用 Bollen-Stine 重新估计适配度，结果如表 10.12 所示。

表 10.12 利用 Bollen-Stine 重估后的模型拟合指标

拟合指标	χ^2/df	GFI	RMSEA	IFI	TLI	CFI
显示值	1.237	0.956	0.032	0.991	0.988	0.991

修正后的模型拟合度指标有了明显的改善。基于 Bootstrap 的结构方程模型拟合优度可以接受，即可以较好地与数据拟合，因此，我们将根据理论模型的路径系数与本书提出的研究假设进行验证，检验结果如表 10.13 所示。

表 10.13 理论模型路径假设与假设验证

	路径系数	*P* 值	对应假设	检验结果
网络特性→知识协同效率	0.236	0.053	H1	支持
团队属性→知识协同效率	0.674	***	H2	支持
知识协同效率→知识协同绩效	0.589	***	H3	支持

注：***表示在 0.001 显著性水平下显著。

当路径系数的显著性水平在 0.05 以下时，则认为显著，假设成立；当路径系数的显著性水平在 0.1 以下时为弱显著，假设部分成立。由结果可以看出，网络特性对知识协同效率的影响路径系数为 0.236，且显著性水平基本接近 0.05，因此，假设 2 成立。团队属性对知识协同效率有显著的正相关关系（$P<0.001$），假设 3 获得支持。同理，知识协同效率对知识协同绩效有显著的正向影响关系，

① 侯杰泰，温忠麟，成子娟. 结构方程模型及其应用[M]. 北京：教育科学出版社，2004：54-161.

即知识协同效率越高，意味着知识资本和社会资本将得到进一步增值。

10.4　研究结论与启示

10.4.1　研究结论

虚拟团队是目前很多领域中知识创造的重要组织形式，尤其是在 IT 服务外包行业。创建虚拟团队，通过建立高效的协同工作机制，充分地发挥其知识型员工的集体智慧，创造出更多的新知识、新技术和新产品，是很多创新型企业追求的目标。本书通过理论分析与实证研究进一步验证了社会网络结构特性和关系特性对知识协同效率的提升作用。网络密度、网络中心度以及连接强度都与提高虚拟团队知识协同的准确性和时效性具有重要的影响；发现了虚拟团队属性对知识协同效率的影响关系，验证了团队协同氛围、协同文化以及激励因素对提升知识协同效率的有益作用；验证了知识协同效率与知识协同协同绩效的正向关系，即提升知识协同准确性和时效性有利于促进社会资本和知识资本的增值。

10.4.2　实践启示

（1）搭建知识协同工作平台，为团队成员提供良好的协同工作环境

企业应该搭建协同工作的技术平台，为员工提供内部知识共享与交流、业务协作、协同运作的统一平台，减少沟通成本，促使知识流通渠道的畅通。同时，企业应该建立协同知识库，一方面可以提高团队知识共享的效率，另一方面可以为团队知识更新与创造提供知识来源和储备。

（2）加强虚拟团队社会网络的建设力度，为社会资本的获取提供便利途径

无论是网络密度、网络中心度这样的结构特性，还是作为关系特性的连接强度，都反映出团队内外部个体之间的联系紧密程度对知识协同的效果和效率起着非常重要的作用。而且，社会资本的增值与社会网络的广度和深度是分不开的。因此，加强社会网络的建设和维护是提高知识协同的绩效，促进社会资本增值和

知识资本积累的重要手段。尤其是针对不受时空限制、边界模糊、结构灵活的虚拟团队而言，有效的能够自组织的社会网络是规避其灵活性所带来弊端的法宝。

（3）组建高效的协同团队，建立良好的文化氛围

虚拟团队是开展协同创新工作的有力支撑和组织保障。在虚拟团队中，由于组织结构的松散性等特征使得团队成员之间信任机制的建立显得尤为重要。只有团队成员之间具有良好的相互信任关系，知识的分享才能无缝对接，知识流通的渠道才能通畅。因此，虚拟团队要加强协同文化的建设，从价值取向上培育团队成员之间相互信任、乐于分享、沟通便捷的人文环境。同时，团队组织者要有意识地鼓励和促进团队内部的知识协同行为，循序渐进地形成“人人分享”、相互理解、相互认同以及在任务和目标上保持一致的协作氛围。

（4）建章规制，采取灵活的激励措施激发团队协同

虚拟团队是知识创造的组织载体，而要实现知识创造首先需要畅通的知识共享和有效的知识转移，这些都需要虚拟团队中相关知识节点的主观能动性和相互之间的高效连接。因此，虚拟团队组织者应该针对不同成员的个性采取有针对性的灵活的激励措施，通过建章规制，激发知识创造主体的知识共享的意愿，提高其知识协同的效率，对有利于知识协同效率和绩效提升的活动和行为给予正向激励，从而形成良性的激励和反馈机制，促进虚拟团队知识协同的效率，最终提高新知识的创造和应用。

（5）通过各种途径提高团队内部知识协同的准确性和时效性

利用信息技术搭建有形的信息网络平台、利用人脉关系构建柔性的社会网络结构、培育协同运作的团队氛围和文化、设立合理的激励机制等各种途径和方法都有助于虚拟团队知识协同效率的提升，从而提高知识协同绩效。在团队项目完成过程中，无论采用哪种途径提升协同效率，都要把知识协同的准确性和时效性作为重要的衡量指标，这有利于加快知识资本和社会资本的积累，提高知识资本的价值性。

10.5 研究局限与展望

本章在模型构建中只考虑了团队属性对知识协同效率的影响，事实上，虚拟

团队中的个体属性也有可能对知识协同绩效产生影响，这是本章的局限性之一，在后续研究中，将着重考虑加入个体属性变量，以更为全面地探讨影响知识协同绩效的因素。此外，尽管虚拟团队基本都属于创新型的团队，但是服务型的创新团队和研发/产品创造型的团队也依然存在一些差异，在后续研究中我们将考虑增加控制变量，更为深入地探讨各因素影响知识协同绩效的机理。

第 11 章 北京地区服务外包企业知识协同的管理建议

11.1 服务外包产业的战略地位

高技术服务业项目具有明显的技术创新特征，通过人才密集、知识密集、附加值高、低能耗、支撑并服务于经济、产业和企业发展的高技术服务体系，以增值的专业化服务扩散高技术成果，促进传统产业升级，成为推动经济增长的重要力量。服务外包作为高技术服务业的重要组成部分和先导产业，技术含量高、经济效益好、资源消耗低、环境污染少、人力资源优势强，成为加快转变经济发展方式、推进我国经济结构战略性调整的核心引擎。

在新一轮全球产业转移与经济融合进程中，国际竞争的内容发生了深刻变化。在工业经济时代，国家、产业之间的竞争是建立在自然资源、劳动力资源和资本资源的基础上的，中国企业拥有包括制造业市场潜力、成本、集群效应以及本土适应性等比较优势。今天，互联网技术让服务实现了远程化交付（如可离岸提供服务的服务外包业务），同时人力资源配置的全球化使服务业逐渐形成了类似制造业的服务供应链，服务外包逐步成为全球经济一体化的产物，成为企业降低经营成本、提升核心竞争力的重要手段，是全球资源整合、优势互补的必然结果。

知识经济时代，国家的竞争是建立在知识资源的基础上的，就国际贸易而言，其竞争的焦点不再单纯的是各种生产活动的最终产品，而是各种知识活动。服务外包产业具备这个领域的突出特点，一是服务外包以信息系统为承载体，具备占地面积少、污染小、单位面积产值高的突出优势；二是产业核心生产要素是智力、信息、知识和技术等无形资产，高端人力资本的投入在服务外包产业投资构成中比重较大。因此，通过承接服务外包，形成信息技术与应用创新、管理变革以及人力资源利用等方面的后发优势，对于提升新形势下的国际竞争力至关重要，目前，服务外包离岸外移及与其相关的服务贸易全球化，已成为推动全球经济增长的重要力量之一，并正在对全球经济版图产生深远的影响。

从我国服务外包的业务性质来看，多数处于价值链的中段（见图 11.1），即附加值较低的编码、测试、维护支持等。实现价值链“微笑曲线”攀升，是我国服务外包产业的重要发展战略。价值链两端附加价值较高的业务类型，分别有咨询、总体设计、系统集成、整体解决方案等，均属于高度行业知识密集的业务，既需要有丰富的行业实践，也需要有一定的客户服务基础。因此，对我国服务外包产业来说，实现产业升级的道路漫长而艰难。

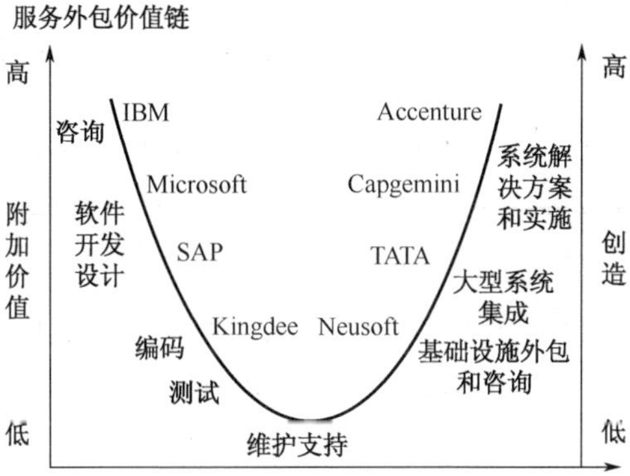

图 11.1　服务外包价值链

资料来源：首届中国服务外包国际论坛。

11.2　北京地区服务外包企业的特征研究

北京的服务外包产业起步较早，20 世纪 90 年代，跨国公司在中国实现软件本地化时就建立了第一批服务外包企业。近年来，得益于国家、北京市政府等的高度重视和大力推动，北京市服务外包产业得到了长足的进步，在规模、质量、效益、人才等多个方面取得了令人瞩目的成就，在全国处于领先地位。

1. 企业协会与示范园区

2007 年 11 月 29 日，北京市 40 多家信息技术、医药研发、商务服务、金融保险等领域的服务外包企业发起成立北京服务外包企业协会。该协会以“团结从事信息服务与业务流程外包的企业，通过搭建政企桥梁，开拓国际市场，提升企业能力，开展行业自律，促进北京服务外包产业健康发展”为根本宗旨，为服务外包企业传递政策信息、开展咨询服务、培训专业人才和提供技术支持。该协会的成立，对于创新机制，协调各方资源，充分发挥市场力量，打造北京服务外包品牌（Beijing Sourcing），推动北京市服务外包产业的发展具有重要意义。

2008 年 12 月，为了推动北京市服务外包产业发展，加速服务外包企业集聚，北京市商务局对北京商务中心区、中关村海淀园、中关村大兴生物医药产业基地、中关村生命科学园、北京呼叫中心产业基地和北京经济技术开发区等首批 6 个基地授予了“服务外包示范区”称号并授牌。

为及时掌握北京市服务外包示范区产业发展情况，北京市商务委于 2012 年 11 月—2014 年 4 月开展了北京市服务外包示范区绩效评估工作。经过调研、分析，完成了评估工作报告，并于 2013 年 4 月 24 日召开座谈会，向各示范区及各示范区所在区县商务委通报评估结果，听取下一步工作设想。评估结果显示，北京市服务外包示范区总体发展态势良好，特色鲜明，集聚效应明显。

2. 产业扶持政策

按照北京市委、市政府大力发展生产性服务业的精神，有关部门在服务外包领域开展了人才培训、国际认证支持、公共平台建设、投资促进等一系列工作。今后将重点发展软件与信息服务外包、金融服务外包、技术研发外包、商务服务外包等领域；大力培育一批服务外包龙头企业，吸引知名跨国公司的外包业务；加大对服务外包人才培训的支持力度，积极吸引服务外包高端人才；加大知识产权保护力度，着力改善服务外包知识产权保护环境；发挥产业集聚效应，大力培育各具特色的服务外包示范区。

3. 示范园区的特色

北京市建设的 6 个服务外包示范区各具特色。

北京市商务中心区（CBD）作为北京六大高端功能区和朝阳区三大功能区之一，聚集了一大批跨国公司总部、国际金融、保险业机构和相关咨询中介公司，是现代服务业的聚集区。埃森哲、IBM、惠普、奥伯杰天、爱特优科等国内外外包企业在此设立总部或在华总部，形成了以金融解决方案外包、商务流程设计外包、金融后台数据处理外包等为主的外包聚集区。CBD 将抓住国际服务业加快转移的难得机遇，把促进业务流程外包作为发展 CBD 服务外包业的重点，充分利用区域跨国公司云集的资源优势，积极培育区域内本土服务外包企业总部，并针对 CBD 服务外包产业的特点，加强聚集区的平台建设及人员培训，打造布局合理、特色鲜明的服务外包示范区。

4. 产业结构及重点企业

北京市的服务外包产业集聚程度较高，仅海淀区、朝阳区两区合计占据了北京离岸外包市场规模的 80%。北京的服务外包企业逐步走向成熟，竞争力保持国内领先地位，与国内外客户形成了长期合作关系，依靠核心技术开拓市场、走向高端。

11.3　北京市服务外包知识协同的管理建议

1. 着力培养服务外包企业间的高度信任和共同成长机制

信任是服务外包业务的基础，信任的程度决定了双方的战略定位（基于成本效率的交易关系或者基于共同成长的战略合作关系）。从全球服务外包发展趋势看，很多发包企业已经不再局限于降低成本，而是基于能够共同成长、共担风险和利益的战略伙伴视角建立外包关系，这给我国服务外包产业发展提供了良好机遇。

一方面，接发包双方要保持经常性的沟通、互访、交流和讨论，实现知识共享与知识创新文化的集成和汇合。我国承接欧美、日本离岸业务的企业，要把业务模式的转型放在较高的战略地位，尽力通过沟通、交流，与发包企业建立战略合作关系和共赢机制。

另一方面，政府主管部门、行业协会、研究机构等，要根据自身在产业集聚和发展中的准确定位，着力于接发包企业的信任机制和战略合作，制定完善的产业治理政策，提供促进信任的公共服务，营造共赢的产业文化，从制度上保证信任的建立。

2. 构建有利于知识共享/协同的企业制度和文化

知识共享的文化和意识普遍存在于知识员工和虚拟团队中，但有的企业层面缺少制度、流程和文化的支撑，往往依赖团队管理者和知识员工的自觉自治。因此，企业管理应主要做好以下几个方面。

（1）知识共享与协作文化植入企业价值观

企业高层应把知识共享、知识协作的价值观教育贯彻始终，从明确理念到督促执行，要建立统一的、可供度量的标杆。

（2）建立知识管理的流程制度与激励政策

知识管理要系统、全面，不应该仅局限于事后的文档归集，而应该是全面的知识协作流程的建设、知识采集与归纳、知识绩效的评估与奖励等，尤其要重视流动较为频繁的基层知识员工知识采集与共享的激励措施、隐性知识的挖掘、员工相互之间的了解，以便在显性知识无法解决问题时，能在团队或企业内部找到那些能够提供帮助的人。

（3）建立知识管理机构和队伍

服务外包项目多、任务紧，经常出现加班加点的现象，知识员工的劳动强度很高。在这种紧张的项目进行中，要求员工进行知识总结、知识交流是很困难的。项目结束后，团队解散，再进行知识总结交流难度较大。调研中，很多企业提到应有专门人员进行知识管理工作。虽然设立知识管理机构和队伍有利于促进知识协作，但这些新增的机构和人员的绩效如何评估，又是一个难题。

3. 在项目绩效评估中强调知识资本与社会资本增值

在强调客户满意、成本效率的基础上，进一步把知识、社会资本是否增值纳入项目考评中，引导虚拟团队在工作过程中有意识地积累知识与社会资本，在项目结束后及时进行资本评估和固化，真正实现行业领域知识的快速积累，提升企业整体竞争力。

4. 承接高水平的研发外包项目，避免低水平重复

承接高水平的研发外包项目，会增加承接企业可接触技术的总量和技术存量，有助于承接企业获得高水平的技术转移，有利于承接企业提升企业创新能力。通常，服务外包的客户都是建立在长期合同基础上的永久客户，企业可以在提高

外包服务质量的同时，形成稳定的客户群，在互惠互利的基础上，实现服务关系的升级并承接客户的高端外包项目，学习先进技术和经验，提高企业自主创新能力。

5. 建立行业内人员知识信用档案，提高员工知识贡献的积极性

服务外包技术人员流动性强，使得很多人并不重视在原单位从事项目过程中的知识共享与协作，反正项目完成后就可能“流走”了。因此，可由行业协会或研究机构建立服务外包行业的员工知识信用档案，采用注册制，由用人单位和个人定期提交知识贡献评估信息，形成一个信息动态更新的员工知识信用库。知识信用档案有两种功效，一是用人单位可以查阅，侧面考核拟聘人员的知识特征、技术水平和协作精神，提高聘人效率；二是推动员工无论在哪个单位，都把知识交流与协作放在重要地位并主动施行，以提升自己的信用和价值。

6. 企业应加强知识协同阶段的评估与制度保障

企业在推行知识管理、促进知识协同的过程中，需要不断监测和评估本企业的知识系统/知识网络的演化发展情况，不断评估知识管理政策、制度和措施的有效性、准确性，并根据演化进展不同，有针对性地调整企业激励措施，保证系统演化的顺利和效率。既要长期经营内部知识协同的价值观、理念、文化，也要不断调整经济的、行政的手段与着力点，形成动静结合、长短结合、经济与精神结合的知识协同治理与管理。

7. 积极推动 Web 2.0 技术在服务外包企业中的应用

调研中，有一半左右的企业否定了未来采用 Web 2.0 技术的可能性（可能更多是出于保密、安全考虑，需要进一步调研验证），而另一半企业表示了对博客、百科等技术应用前景的乐观性。实际上，无论项目、团队是否需要保密，企业建立和维护一个自己的百科知识系统，把所有能够共享和传播的企业知识纳入一个可度量、可追踪、可交互的知识协同平台，将大大推动企业知识管理的绩效水平。

8. 地方政府应基于集群治理，不断评估、调整和改善产业政策

在我国，地方政府在产业培育和发展过程中发挥着至关重要的作用。服务外包产业目前在全国 21 个示范城市和更多的非示范城市得到政府部门的高度重视和重点资助，以快速实现生产要素集聚、推进产业集群化发展。但是，目前的政策缺少系统性、战略性，单纯地以税收优惠、资金补贴等手段吸引服务外包企业。

在产业集聚初期，以降低经营成本的产业政策无疑具有明显的效力，但在产业集聚基本完成、基本进入发展和成熟期后，企业的最高追求已经不是成本的降低，而是对产业集聚剩余所有权的追求，即产业集聚区丰富的社会资本成为吸引企业驻守的重要动力。因此，地方政府在进行产业政策的制定过程中，要注意：一是明确产业发展阶段的不同需求特征，制定有针对性的产业激励措施；二是针对快速变化的产业和市场环境，要经常评估产业政策的有效性，并适时做出调整。

第 12 章　我国服务外包产业集群的治理策略研究

我国服务外包产业的迅猛发展，离不开国家经济政策的全力支持。其中一个主要做法，就是设立服务外包示范城市，通过资源聚集和产业集群推进产业发展。截至 2010 年，我国已经认定了 21 个服务外包示范城市和更多的服务外包示范园区，各地方政府从税收、人才、资金和投资准入等方面纷纷出台了促进软件与服务外包产业发展的政策与措施。经过几年的发展，全国服务外包业务规模迅速扩大，国际市场份额稳步提高，产业集群建设取得了良好效果。

一方面，我国多数服务外包产业集群已经渡过了艰苦的起步阶段，步入成长、成熟期；另一方面，全球服务外包格局已然发生变化，在美国离岸外包业务回流及萎缩、日元持续贬值压缩对日外包利润空间、人力资源及运营成本快速上升、“大物移云”等新兴技术革命、人才缺口、政策到期及价格战等一系列问题的夹击下，我国服务外包产业面临着严重的挑战。

产业政策如何支持产业集群持续成长，如何引导企业应对世界格局变革，如何提高产业集群的有效治理，提高产业政策作用的精准性和有效性，以规避集群网络瓦解或解散风险，提升竞争优势，已成为学术界、企业界以及政府部门普遍关注的热点与实践工作的难点。

12.1　文献综述

12.1.1　服务外包产业政策及其效果评估

服务外包具备高新技术产业属性。徐侠、李树青（2003）在总结高新技术产业政策时认为它是“对高新技术产业的各项行为施加直接和间接影响的所有政策、法令的总称”。綦良群（2005）认为高新技术产业政策的主要作用是“引导和促进”。他们总结了高新技术产业政策区别于一般产业政策的三个基本特征：前瞻性、作用领域的动态性、政策目标的多元化。

王忠（2013）研究了印度电子信息产业政策的特征；全立新，董展眉（2013）借鉴国内外经验，提出了长沙发展软件服务外包产业的政策支持措施；董俊武，何维劲（2012）总结了国内服务外包示范城市的政策与策略，提出了优化服务外包产业政策的方向性建议；全立新（2012）则具体比较了成都和大连的软件服务外包政策与措施。

国外对技术创新政策实施效果评估的实证性研究最早见于经济与合作发展组织（OECD）的研究报告，OECD的科技指标有三种类型：投入指标、流量指标和产出指标。国内关于高新技术产业政策评估的关注较少，尤其是产业政策的效益分析。綦良群（2005）将高新技术产业政策评估的基本标准界定为政策效果标准、政策效率标准和政策效应标准三方面；并进一步划分为事前、事中和事后三个阶段的评估（綦良群，2008）。段君伟（2007）评估广东省技术创新政策效果以及洪超（2009）评估安徽省鼓励企业自主技术创新政策效果时，主要关注专利数量、产品产值、技术市场成交合同数、新产品销售比等过程性指标。

具体到服务外包产业政策的评估，吴兆礼（2011）进行了安徽省服务外包经济效应的一般分析和实证分析探索，主要包括贸易效应、产业结构效应、资本引进效应、技术溢出效应、经济增长效应等。李涵（2011）则具体研究了金融服务外包的税收政策影响，指出增值税、企业所得税和营业税对金融服务外包的不同相关关系。

12.1.2 简要述评

可以看出，在高新技术产业政策研究的基础上，服务外包领域的相关研究，主要围绕特征总结和政策比较基础上的对策研究两个方面，产业政策的评估才刚刚起步，还未关注到如何应对产业动态变化。当前关于产业政策的认识，仍局限于“政策、法令的总称”的浅层概括；关于其效益或效果的评估，也仅关注了直接的产出结果。

实际上，地方政府是介入产业集群的协同主体之一，以地方性政策法令为主的地方规制是重要的集群治理微观机制之一，必须认识到产业政策的“经济治理”特性，从更宏观、更系统的角度认识产业政策与产业集群、产业网络的演化关系。在我国，由于市场条件和制度环境的缘故，政府通常在改革中占据主动地位，能够从制度和政策层面协调、引导产业集群发展；同时，地方政府也掌握或高度影响着土地、资金等要素资源供给与分配。因此，产业政策在集群治理中享有至关重要的地位，展开基于治理视角的效果评估研究，对产业政策的制定与调整具有重要意义。

12.2　产业集群治理

12.2.1　产业集群治理的提出

现代经济日益呈现出集群发展的趋势。生产要素为什么会集聚？产业集群萌芽、成长与衰退的内部动力机制是什么？这需要从集群治理层面进行思考。Gilsing（2000）认为集群治理是集群内成员旨在促进和改善创新进程的集体行动。Humphrey 和 Schmitz（2000）总结集群治理为“紧密的企业间合作、活跃的公共部门和私人机构以及本地分散风险机制”。Propris（2001）和 Langen（2004）则分别把集群治理总结为“集群内各种主体共同博弈的结果”和“各种协调机制的混合体及其相关关系”。国际研究从基于交易成本理论的契约治理，发展到以社会网络和社会资本理论为主的网络治理和价值链治理及其组合（易秋平等，2011）。

相对于国外的研究而言，国内有关产业集群治理的研究还处于起步阶段。刘恒江等（2005）认为产业集群治理是解决可持续创新中的动力机制问题；杨慧（2007）则将其定义为理解和评价集群的发展过程；刘芹（2009）认为集群治理是有目的、所有成员都参与的集体活动，本质上是规避集群的发展风险和促进增长。魏江、周泯非（2009）的观点较具代表性，指出集群层面上对集群参与者交互活动存在约束和激励作用的各种内生性协调机制总体，是同时包含着地方经济和行政权威、社会规范和协会机制等多种微观治理机制的一整套制度安排。

12.2.2 集群治理的基础

李世杰（2013）指出，集群剩余是集群竞争优势的经济基础，也是企业参与集群的动因所在。集群剩余主要包含 3 个方面：基于专业化的分工合作关系，基于社会网络关系的非正式合作，以及基于多边制衡的企业长期交易机制。他指出，集群治理的基础是集群剩余索取权，企业加入产业集群的动机是为了共享集群剩余索取权。

产业集群治理的核心就是对所有成员进行有效正向激励，使其在享受集群剩余的同时积极创造集群剩余，克服机会主义带来的集群内生性衰退风险，实现产业集群的持续发展和整体竞争优势提升。

12.3 政府在产业集群治理中的作用

政府的目标是追求社会、经济与政治效率的多元统一，因此是最合适的秩序维持者和规则制定者，在产业治理出现“组织失效”时政府必须进行干预（韦小鸿等，2009）。政府干预的主要机制是以法律法规和经济政策从宏观层面进行调控。产业集群的政府治理就是指政府部门在产业集群发展中发挥的能动作用（李世杰，2013）。实际上，公共政策和政府行为对产业集群必然会产生和施加各类影响。从世界范围看，大多数地区的产业集群在形成过程中，政府都会发挥重要作用。Porter（2000）曾经将产业集群发展过程中政府的作用归纳为五点，即保持宏观经济的稳定、改善微观经济主体的一般能力、建立整体的微观经济规则、保障产业集群顺畅发展与升级，以及“发展与执行一个积极、长期的经济活动方案或改变流程以提升商业环境品质”。

研究表明，政府对产业集群的引导和促进作用既是必要的，又潜藏着危险，在产业集群培育和发展过程中往往会出现干预缺乏实效和干预过多破坏市场机制等偏差。中国各地方政府对于本辖区经济发展的主导作用一直比较强势，经常采用特惠准入、财税减免、低价甚至无偿划拨土地等强力政策吸引企业入驻预定园区，“打造产业集群”。但是，企业入驻后的持续发展问题、政府撤力后的产业集群维持问题，往往被忽视。

在此背景下，产业集群的政府治理机制更需要准确定位于“营造秩序和规则”，引导企业追求“集群剩余”，从而实现产业集聚。尤其是在产业集群初具规模后，政府应该调整产业政策，重点关注公共品供给、制度环境构建、市场秩序维护和宏观产业指导，以及集群共同文化氛围营造等方面，以避免集群衰退风险，提高集群整体竞争优势。从社会网络视角看，“集群剩余”就是产业网络的社会资本，集群成员高度嵌入网络结构，与其他成员共同创造、利用这种资本。社会资本的积累或消散，意味着集群的发展或衰退。

12.4　基于网络结构熵的产业集聚模型

Porter（2000）定义集群为“某一特定领域内相互联系的企业或机构在地理空间的聚集体”。因此，产业集群可以视为一个由技术网络驱动、价值网络导向、社会网络支撑的区域性生产网络。在产业集群发展动力的研究方面，关注最多的是产业集群中的技术网络和社会关系网络等，形成技术创新网络（Cainelli & Antonietti，2008）、推动集群学习（Malerba，1992） 以及营造社会网络和社会资本（Granovetter et al，2007） 等被认为是推动产业集群发展的主要因素。

12.4.1　产业集群的网络模型

在区域性产业集群网络中，网络主体主要有紧密关联的企业，以及与企业发展有重要利益关系的地方政府、科研机构、中介机构和金融机构等。从产业生态的角度看，政、产、学、研各类主体既相互独立，又相互依存，是不可或缺的系统要素。所谓集群，既意味着主体的空间聚集，又意味着主体之间的高度互动，这种互动就构成了“集群剩余”或“社会资本”。社会资本是产业集群核心竞争力的重要标志之一，因此也是观察产业集群发展状态的重要指标。虽然社会资本无法直接度量，但可以通过度量社会网络的结构及其序化程度间接度量。

定义产业集群网络 $G=(V_k, E, L)$，其中 V_k（$k=1, \cdots, n$）为网络中 n 类节点（企业、政府机构、科研机构、行业协会等）构成的点集，节点总数为 N；$E=(e_{ij})$ 和 $L=(l_{ij})$（$i=1, 2, \cdots, N$；$j=1, 2, \cdots, N$）分别代表边的集合和相应的权重，即边 e_{ij} 的权重是 l_{ij}，权重由节点之间的联系强弱决定，当两个节点无任何联系时，权重为零；节点之间联系越多，互动越多，权重越大。

产业网络模型中，所有边及其权重的集合，构成了集群剩余或社会资本的抽象。如果网络稀疏，权重值低，表明主体间相互依存度低，社会资本薄弱；如果网络绸密，权重值高且分布均衡（而非均匀），表明主体间高度互动、高度依赖，社会资本富足，系统有序。

12.4.2 产业集群网络的非标度特性

研究表明，世界多数产业集群具有小世界网络和非标度网络特性（蔡宁等，2006）。复杂网络的非标度性就是一种非同质性，是网络涌现出的一种“序”。在非标度网络中存在极少数具有大量连接的“核心节点”（Hub-node）和大量具有少量连接的“末梢节点”。这样的网络是不均匀的，或者是“非同质的”。

比如，在一个成熟的服务外包产业集群中（印度经验），一般都有若干领军型企业和大量中小企业，领军企业占据了领导者地位，与众多的网络主体存在着频繁的联系互动，是产业网络中的核心节点；小微型企业与其他主体的联系较少，互动的频率较低，是产业网络中的末梢节点；中型企业介于其间。可以说，具有非标度性或非同质性的产业集群网络鲁棒性强，抗风险能力强，具有良好的演化发展基础。

12.4.3 网络结构熵的定义

网络的非同质性反映了产业集群网络的成熟状态，如何测度这种非同质性呢？熵不但是复杂系统无序性的度量，而且是系统信息量的度量，也是系统能量的度量（许国志等，2000）。研究复杂网络演化中的熵变规律对于探讨复杂系统的无序性、系统信息量和系统能量的变化有着重要的指导意义。正是基于此，谭跃进等（2004）定义了网络结构熵来定量测度复杂网络的非同质性。

基于上一节产业集群网络的定义 $G=(V_k, E, L)$ 和谭跃进关于网络结构熵的定义，首先计算第 i 个节点和第 j 条边的重要度分别为

$$I_i = \frac{k_i}{\sum_{i=1}^{N} k_i}, \quad J_j = \frac{L_j}{\sum_{j=1}^{M} L_j} \tag{12.1}$$

式中，N 为网络中节点数目，M 为网络中边的数目，k_i 为第 i 个节点的连接度，L_j 是第 j 条边的权重。

然后计算网络结构熵：

$$E = -\left(\sum_{i=1}^{N} I_i \ln I_i + \sum_{j=1}^{M} L_j \ln L_j\right) \tag{12.2}$$

12.5　基于网络结构熵的产业集群治理策略

集群治理，就是要通过“营造秩序、减轻冲突和实现共赢”实现集群稳定、可持续的发展，是从一个初期网络向小世界和非标度网络演化的过程。网络结构熵既能度量网络的非同质性，也承载着集群剩余或社会资本的信息，是集群治理最适宜的风向标。因此，本书给出基于网络结构熵的服务外包产业治理模型（见图 12.1）。

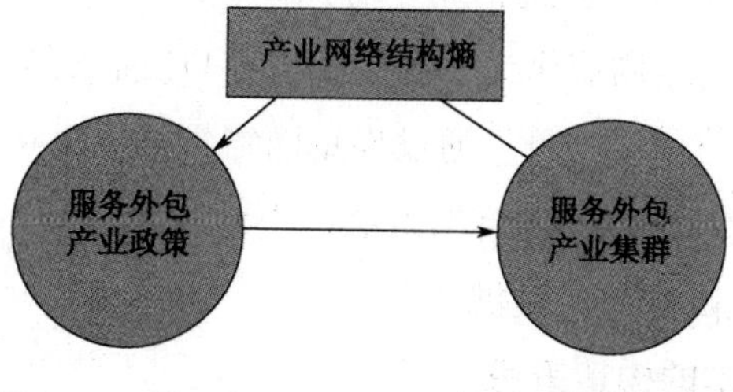

图 12.1　基于结构熵的服务外包产业治理模型

理论上，地方政府通过产业政策介入产业集群治理，是重要的治理主体；我

国的实践中，尤其是在新兴的、战略性的产业集群发展过程中，形成了主导的治理地位。因此，我国各级政府在制定产业政策时，应该基于产业治理的理念，合理运用所掌握的各种公共政策手段，对产业集群发展发挥尽可能的正向引导作用。

1．治理理念的变革

从现状看，当前的产业政策基点是“交易成本理论”，通过减少企业经营成本，吸引企业落户产业园区，形成集聚效应。这种做法在产业发展初期成效显著，能够吸引很多大型企业入驻，也能鼓励小微企业的创业创新发展。但在集群发展到一定阶段后，这类政策后继乏力。比如，北京市有中关村、CBD 等多个服务外包产业园区，初期吸引了大量服务外包企业入驻。近几年，随着城市发展和地价、房租攀升，人力资源成本上升，政府补贴难以抵消成本增长，企业经营压力骤增，产业集聚面临新的挑战。

在这种情况下，有必要对相关产业政策进行效益评估，并进行相应的调整。而调整的方向，应该秉承产业集群治理的理念，从单纯的交易成本和契约治理，向网络治理方向演变。网络治理的主流思想是：强调行动者之间的经济关系（契约或是商业联系）是无法脱离社会关系和非正式制度而独立存在的，在交易成本理论分析结构的基础上，应该将信任、承诺、声誉和其他非正式制度纳入经济活动分析空间中。实践中的治理策略就需要从单纯的帮助企业降低经营成本，向培养企业社会网络的经营能力、协调分配集群剩余索取权方向发展。

2．治理策略

（1）根据产业集群网络不同发展阶段，制定相应的治理宗旨与目标。在产业集群的成长阶段，应以提高集群剩余和社会资本为宗旨，制定政策与措施，培育领军企业，协调企业关系，促进企业互动。

（2）以产业网络的结构熵作为产业集群培育与发展的监测指标，不断调整产业政策，促进产业网络的异质性。通过界定网络主体，建立包含节点、边、权的网络模型，通过定量与定性相结合的方法，不断监测网络结构熵 E 值的变化，为产业政策的准确性、有效性提供参考。

3．集群社会资本的构造策略

（1）加强产业集聚区公共服务和公共产品的提供

服务外包产业园区不能局限于“九通一平”，而是要打造具备高势能优势的现代科技都市，具备高价值的品牌、高素质的人才资源、高增值能力和高回报率的巨额金融资本，以高价值的“财富”要素为驱动的城市功能和产业功能的完全融合。产业园区的发展进入城市化发展和智慧运营阶段，并将成为集社会化、数字化和生态化趋势“三位一体”的立体化园区。

（2）加强产业集聚区非正式关系的营建

丰富的社会资本和社会网络增强企业的嵌入性和向心力。要通过政策导引，加强企业间共同的价值观、文化和互惠机制建设，通过集群内部的正式和非正式思想、技术、经验的交流，逐渐在集群内营造出一个创新软环境。这些软因素就成为企业期望参与分享的集群剩余之主要内容。进一步研究服务外包产业集群的网络特性，厘清企业之间联系互动的内容与特征，从而针对性地提出扶持政策和措施。

（3）加强产业集群内的交易平台的建设

在以离岸外包业务为主的产业园区，企业之间的横向联系较少，显示网络高度稀疏性。加强企业协作和强调在岸业务的权重，既有利于提高集群凝聚力和集群剩余，也有利于应对离岸业务的形势变化。正式交易关系有较强的绑定效应，需要明确的契约治理。通过引导集群企业内部的正式合作，能够建筑内部价值链和供应链，产业集聚效应将更为明显。

12.6　小结

服务外包技术更新快，产业发展迅猛，产业政策必须不断调整，以加强治理的准确性和有效。本章从集群治理角度，研究了产业集群的治理基础和集群网络的非标度特性，建立了产业集群网络结构熵模型来综合反映集群剩余和社会资本的变化，提出了据此变化进行产业政策制定与调整的管理思路，并进一步阐述了产业治理的基本策略，对当前我国 21 个服务外包示范城市的产业政策效果评估与阶段性调整具有一定的参考价值。

后　记

本书基于北京市哲学社会科学规划项目“北京服务外包产业知识协同与演化发展研究”的研究成果扩充而成。该项目从2010年年初开始至2013年年底完成，主要工作包括前期的文献调研、理论研究、模型设计、仿真分析、问卷调查与实证分析、决策与管理建议等工作。其中，实证环节严格遵循研究规范，在多轮专家论证的基础上产生初步的研究模型，经过小范围问卷调研获得修正信息，在进行了模型改进后，委托专业社会调研公司在北京市服务外包企业中进行了规模化问卷调研和访谈，前后收集到260份左右的有效问卷和20个宝贵的访谈资料（录音、文字）。除了本书中包含的研究成果外，基于上述调研的更多研究正在进行中。

本项研究得到北京工商大学副校长方德英教授，北京服务外包企业协会理事长曲玲年先生、秘书长李劲女士，博彦科技股份有限公司童天俊先生、富莉婷女士，奥博杰天软件公司鲁丽女士等的指导与协助，得到朝阳区商务委员会朱晟主任、周雅玲和李渊明科长的大力支持，在此致以特别感谢。

本项研究的规模化调研工作由北京益派市场咨询有限公司完成，其认真负责、精益求精、客户至上的专业精神保证了研究质量，在此向陈华峰先生、朱素红女士等表示感谢。感谢为数据采集和分析付出辛勤劳动的研究生庞凯斌等同学。

本项研究也得到了众多北京市服务外包、软件公司的受访者的支持，他们的热情参与、对研究成果的期望是我们努力工作的不懈动力，在此表示感谢！

附录A　研究模型和量表

实证模型

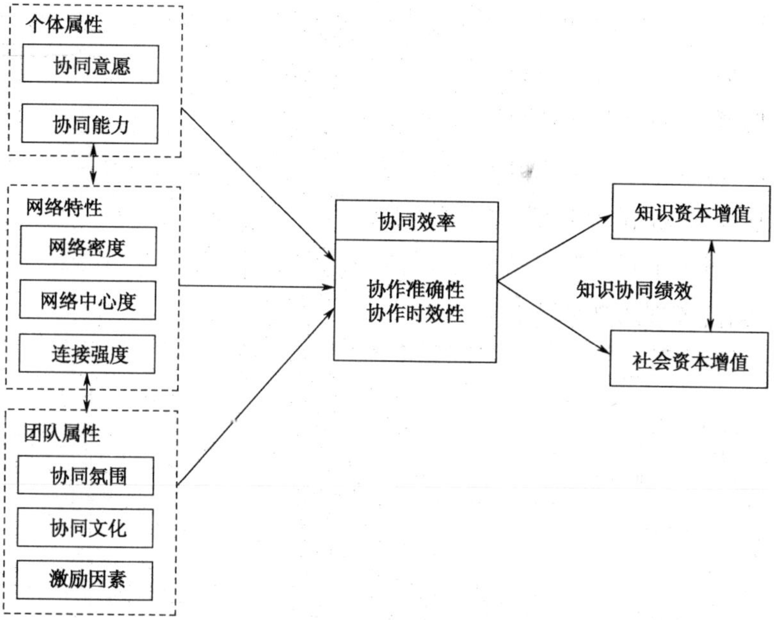

服务外包虚拟团队知识协同调查问卷

亲爱的先生/女士：

我们正在进行服务外包虚拟团队知识协同方面的研究，研究目的是想了解影响团队知识协同的具体因素。

我们保证对您所提供的数据仅作学术分析，且会善尽保密之责，敬请放心作答。另外，为了答谢您对本研究的热心协助，我们也很乐意与您分享研究成果。

在此，向您致以最诚挚的谢意！

一、基本特征

请问您的性别： √ 男 □ 女

1．请问您的年龄：

□ 30 岁以下 √ 30～40 岁 □ 40～50 岁 □ 50 岁以上

2．请问您的学历：

□ 专科及以下 □本科 √ 硕士及以上

3．请问您的职位：项目经理

4．您是否参加过或正在参与项目团队合作

√ 参加过 □未参加

5．您目前所在团队的类型

√ 研发团队 □服务团队 □科研团队 □其他非任务型合作团队

6．您加入该团队的时长

□不超过一个月 □不超过三个月 □不超过半年 □一年 √一年以上

二、对应模型的测量量表

网络密度	极不同意	不同意	说不清	同意	极为同意
我与所有的团队成员保持直接联系		√			
我只与部分成员有直接联系				√	
我只与团队中某些核心成员有直接联系，当需要联系其他人时我需要通过这些核心成员					√
在团队中有一个人和我联系非常紧密，我几乎和其他成员的所有联系他都知晓		√			
在团队中我和大多数成员保持着同样紧密程度的联系				√	

网络中心度（咨询网络）	极不同意	不同意	说不清	同意	极为同意
当我遇到困难时，我会请教团队里的其他成员					√
在处理日常事务时，我经常和团队里的其他成员讨论相关问题					√

续表

网络中心度（咨询网络）	极不同意	不同意	说不清	同意	极为同意
当我遭遇困难时，团队里的成员会主动帮助或者指导我					√
当需要技术建议或技术支持时，团队内的其他成员经常希望我能够提供新的知识和技术					√
当需要技术建议或技术支持时，我经常希望能够从其他团队成员那里获得新的知识和技术					√
大多数团队成员都了解我的技术能力和专长				√	
我与团队中的所有成员都相互了解对方的技术能力和专长				√	
我与团队中极少数的成员相互了解技术能力和专长		√			
团队中有几个核心成员，大家遇到困难时都喜欢找他们咨询		√			

连接强度 （认识久暂、互动频率、亲密话题、亲密行为）	极不同意	不同意	说不清	同意	极为同意
我和团队里的其他成员之间只有工作关系	√				
我和团队里的其他成员之间除了工作关系还是好朋友				√	
我们团队的成员是由不同部门或不同公司的人组成的				√	
我们习惯于采用在线沟通的方式解决团队协作问题					√
我和团队里的大多数成员认识都不到一年				√	
我和团队里的大多数成员认识超过三年		√			
我们团队主要是由一群不太熟的相互认识的人组成的		√			
我们团队主要是由一群非常熟的朋友或同事组成的				√	
我和团队成员之间经常联络					√
团队成员之间几乎每天都会有不同程度的讨论					√
团队成员一周定期讨论不少于一次					√
我经常与团队其他成员谈与工作有关的话题				√	

续表

连接强度 （认识久暂、互动频率、亲密话题、亲密行为）	极不同意	不同意	说不清	同意	极为同意
我经常与团队其他成员谈与共同兴趣相关的知识和心得				√	
我经常与团队其他成员交换娱乐、旅游、电影、消费等信息				√	
我经常与团队其他成员聊个人私事或私人感情等话题	√				
非上班时间团队成员之间不经常接触				√	
我们常常一起吃午饭					√
晚上会一起吃晚饭				√	
团队成员私下会一起去做些娱乐或休闲的活动				√	
团队成员会经常相约一起外出旅游				√	
团队成员的家人会和我们一起参加娱乐活动		√			
当我遇到重大困难时，他们会牺牲自己的利益来帮助我				√	

个体协同意愿（知识共享、知识转移、组织学习、知识创造）	极不同意	不同意	说不清	同意	极为同意
我很清楚自己要获取什么技术知识					√
为了实现新的构想，我会努力争取他人的帮助					√
当我向同事寻求帮助时，他们总会愿意跟我分享经验和窍门					√
当我学到新知识、新技能时，我会与团队其他成员分享					√
共享我的知识会增加我与优秀成员合作的机会					√
与团队成员协作将会增进我与团队成员的联系和友谊					√
共享我的知识会促进团队目标的实现					√

个体协同能力	极不同意	不同意	说不清	同意	极为同意
我有很强的消化外来技术知识的能力					√
我通常能准确评估外部技术知识的价值					√
对引进的技术知识，我能进行局部修改以使产品或服务更适应市场					√
我在工作中经常尝试新思路、新程序或新方法					√
团队中的讨论总能带给我很大的收获和启迪					√
我通常会出色、可靠地完成团队分派给自己的工作					√

团队协同氛围	极不同意	不同意	说不清	同意	极为同意
团队成员彼此充分信任，能及时传达和分享所有相关信息					√
团队成员很愿意共享一些敏感信息					√
团队成员相信，彼此所共享的信息是真实的					√
团队成员都相信，每个人都愿意把正确的信息拿出来分享					√
当我向团队其他成员咨询问题时，他们会热情帮助我					√
当团队其他成员学到新知识时，他们会与我分享					√

团队文化	极不同意	不同意	说不清	同意	极为同意
团队成员间能够妥善处理彼此的误解					√
团队成员对组织愿景保持高度认同					√
完成团队交付的任务与我未来的职业发展能够实现双赢					√
自我感觉在团队中很重要					√
我认为我在团队中承担的任务非常有意义或有效能					√
团队中的人际关系非常融洽					√

团队激励（薪酬、情感、投入）	极不同意	不同意	说不清	同意	极为同意
在团队中主动分享新想法、新知识、新技术是被鼓励的					√
积极参与团队互动，为团队贡献的人总是能够获得更多的报酬					√
团队里总是对那些创造新知识或者能够为某项难题寻找解决方案的人给予更高的物质奖励					√
在团队中那些积极学习新知识，并愿意与大家分享和讨论的人总是能够得到认可					√
在团队中人们总是对那些给予其他成员帮助的人给予赞许					√
团队愿意为获取新知识或技术投入资金				√	
团队成员愿意为获取新知识或技术投入更多的时间				√	

协作准确性（知识资源可获性、丰富性与关联性；解决问题所需协作的次数）	极不同意	不同意	说不清	同意	极为同意
团队协作过程中总是能够获取到需要的知识资源				√	
团队协作过程中总是能够获得准确知识及技术支持				√	
团队中有统一的知识资源共享平台或共享知识库				√	
遇到问题时，我能从共享知识库中搜索到需要的知识				√	
遇到问题时，我们总是需要多次讨论才能达成一致		√			
遇到问题时，我们总是无休止的讨论，却找不到合适的解决方法	√				
遇到问题时，团队成员总能提供恰当的知识或技术支持				√	

协作时效性（知识搜寻时间、知识转移时间、技术可靠性）	极不同意	不同意	说不清	同意	极为同意
当需要知识或技术支持时，我们总是能够快速地找到相应资源					√

续表

协作时效性（知识搜寻时间、知识转移时间、技术可靠性）	极不同意	不同意	说不清	同意	极为同意
团队的知识交流平台或工具，使我们能够进行及时的交流和沟通					√
团队成员之间进行知识、资料、技术文档等的交换途径便捷					√
团队成员之间进行知识交换和技术沟通非常耗时	√				
我们都很依赖共同使用的知识交流平台和工具					√
我们所使用的共享工具是可靠的				√	
我们应该采用更先进的知识共享工具				√	

社会资本增值（社会互动增强：连接强度，新连接信任增强：信任、互惠、认可、归属共享认识增强：共同语言、目标和观点）	极不同意	不同意	说不清	同意	极为同意
经过一段时间的合作，团队成员之间联系更紧密了					√
经过一段时间的合作，我和团队其他成员成了很要好的朋友				√	
通过成员引荐，团队中增加了新的成员				√	
通过成员引荐，我们团队与其他团队建立了很好的合作关系				√	
经过合作，团队成员相互之间更加尊重和信任				√	
在工作中团队成员之间即使产生误解也能够很快谅解				√	
经过合作，我们更乐意互相帮助				√	
在团队中，每个人都可以自由地分享想法				√	
我们的团队是有利于知识协同的高效团队				√	
我非常愿意成为团队中的一员				√	
团队中有人离开，我们会感觉到是一种损失					√
我们团队进行沟通时使用共同的语言、同样的术语和行话					√

续表

社会资本增值（社会互动增强：连接强度，新连接信任增强：信任、互惠、认可、归属共享认识增强：共同语言、目标和观点）	极不同意	不同意	说不清	同意	极为同意
经过一段时间的合作，我们在项目沟通方式、过程等方面达成了默契					√
团队总是能够在项目任务和目标方面达成一致					√
团队总是能够在项目任务重点上达成一致					√
团队成员在工作任务各个阶段的理解没有不一致		√			

知识资本增值（显性知识资本、隐形知识资本：个体经验和技巧的增加、团队能力的提升、组织文化和惯例的改善）	极不同意	不同意	说不清	同意	极为同意
通过项目合作，我们团队积累了丰富的案例资料					√
通过项目合作，我们团队积累了丰富的文档资料（流程、工艺等）					√
我们团队拥有属于自己的专利产品					√
在协作中我学到了很多新的技术技能					√
在协作中我学到了很多新知识（管理知识、行业知识等）					√
在协作中我积累了很多宝贵的经验					√
团队在完成项目或任务时总是很高效				√	
团队总是能够对突发事件做出快速反应					√
团队成员都更加相信分享知识将获得更多					√
遇到事情，我们已经养成了相互讨论的习惯					√
每个项目团队都向企业的在线知识库贡献成果文档				√	
由于团队的知识协同，组织中的团队合作、协同文化不断得到增强					√
由于团队的知识协同，组织中的团队组织、管理流程和制度等不断得到完善				√	

附录B　访谈提纲

一、项目的基本情况

1. 项目成员之间的关系，有没有因为项目合作而变得熟悉、亲密？
2. 项目成员一般交流哪些知识？以什么样的方式？交流的气氛如何？
3. 项目结束后，除了交付的客户产品外，其他成果有什么？

二、个人属性

1. 个人交流知识的意愿、交流的对象、交流的程度如何？
2. 个人知识对项目的知识贡献大小？其他成员的知识对自己工作的重要性？
3. 在进行知识交流时，有没有感觉能力方面的问题？
4. 需求表述、知识表达、交换的途径和效率等方面的问题如何？

三、团队属性

1. 项目团队是否提倡积极的知识交流？抑或最好自己解决，不要麻烦别人？
2. 是否感觉向他人求教，就显示自己的能力低下？
3. 团队成员之间的交流有没有正式的规范？
4. 团队负责人对成员之间的知识交流持何种态度？是明确鼓励还是无所谓？

四、网络特性

1. 团队中，是否有一些特别突出的能人，每个人都喜欢向他求教？
2. 团队成员之间有没有频繁的联系？是不是经常讨论项目情况？
3. 本公司或团队，有没有激励大家进行知识交流的政策、措施？

五、协同效率

1. 当你向团队成员求教时，一般多久能找到合适的知识或解决方案？
2. 你遇到的问题，有多大的概率能够在团队成员讨论后解决？

六、协同绩效

1. 项目完成时，团队成员之间有没有增进了解，互结友谊？

2．这种人际关系的积累，对以后的工作有没有帮助？

3．项目完成后，提交公司的可利用的成果是什么？你觉得这些资料对以后的项目有用吗？

4．公司能否在完成某些行业特性显著的项目后，在领域知识积累方面获得好处？

5．公司是否重视交付客户产品后积累下来的文档、代码等附加成果？

6．你认为公司注重知识积累和公司成长之间的关系如何？

七、外部环境

1．服务外包企业最需要国家或北京市政府提供哪些方面的帮助？

2．现行的国家、北京市服务外包产业扶持政策，哪些是有效的？哪些帮助不大？

3．最希望与政府部门保持何种沟通方式？沟通频率？

参 考 文 献

[1] Adam O, Hofer A, Zang S, et al. A collaboration frame-work for cross-enterprise business process management [C]. I NTEROP-ESA'05. Geneva, Switzerland. February 2005.

[2] Alton Chua.The Influence of Social Interaction on Knowledge Creation[J]. Journal of Intellectual Capital, 2002, 3(4): 375 -392.

[3] Andreas Seufert, et al. Towards knowledge networking [J]. Journal of Knowledge Management, 1999, 3 (3): 180-190.

[4] Andrew P. McAfee. 企业 2.0: 企业社会化协作趋势与工具[M]. 北京: 机械工业出版社, 2011: 27-29.

[5] Anderson M H. Social networks and the cognitive motivation to realize network opportunities: a study of managers information gathering behaviors[J]. Journal of Organizational Behavior, 2008, 29(1): 51-78.

[6] Anklam P. Knowledge Management: the Collaboration thread[J]. Bulletin of the American Society for Information Science and Technology, 2002, 28(6): 8-11.

[7] Anklam P. The Camelot of collaboration[J]. Knowledge Management Magazine, 2001, 5(2): 1-12.

[8] Antonietti R. A. and Cainelli G. A. . Spatial Agglomeration, Technology and Outsourcing of Knowledge-Intensive Business Services: Empirical Insights from Italy[J]. International Journal of Services Technology and Management, 2008, 10(2-4) : 273-298.

[9] Argyres N. Capabilities, technological diversification and divisionalization[J]. Strategic Management Journal, 1996, 17(5): 395-410.

[10] Argyris, C. On organizational learning[M]. 13ed. Malden: Blackwell, 2010.

[11] Beekmann M J. Economic Models of Knowledge Networks, Networks in Action[J]. Berlin, Heidelberg, New York, Tokyo: SPringer-Verlag, 1995: 159-174.

[12] Bonner J M, Walker Jr O C. Selecting influential business-to- business customers in new product development: Relational embeddedness and knowledge heterogeneity considerations[J]. Journal of Product Innovation Management, 2004, 21(3): 155-169.

[13] Bruce Strong, Thomas H. Davenport and Laurence Prusak. Organizational Governance of Knowledge and Learning [J]. Knowledge and Process Management, 2008, 15(2): 150-157.

[14] CArtigues. Predictors of Knowledge Creation Performance: A Quantitative Qualitative Comparative Study of European Doctorandi[D]. University of Girona, 2009.

[15] Cassiman B. , Veugelers R. In Search of Complementarity in Innovation Strategy: Internal R&D and External Knowledge Acquisition[J]. Management Science, 2006, 52(1): 68-82.

[16] Chai, S, Das, S, & Rao, H. Factors Affecting Bloggers' Knowledge Sharing: An Investigation Across Gender[J]. Journal Of Management Information Systems, 2011, 28(3): 309-342.

[17] Charmaine C. Pfaff, HelenHasna. Wiki-based Knowledge Management Systems for more Democratic Organizations[J]. Journal of Computer Information Systems, 2011, 4: 73-83.

[18] Chesbrough, H. (2003). Open innovation, the new imperative for creating and profitingform technology[M]. Boston: Harvard Business School Press.

[19] Coleman J S. Foundations of social theory [J]. MA: Harvard University press. 1999, 22 (1) : 28-51.

[20] Coleman, James S. Social capital in the creation of human capital [J]. American Journal of Sociology, 1998(94): 95-120.

[21] Crampton, C. Catherine Crampton. The Mutual Knowledge Problem and its Consequences for Dispersed Collaboration[J]. Organization Science, 2001, 12(3): 346-371.

[22] Cross R, Cummings J N. Tie and network correlates of individual performance in knowledge-intensive work [J]. The Academy of Management Journal, 2004, 47(6): 928-937.

[23] Cunha, Francisco José AragãoPedroza; RIBEIRO, Núbiaoura and PEREIRA, Hernane Borges de Barros. Records management: a basis for organizational learning and innovation. Transinformação [online]. 2013, 25(2): 159-165.

[24] De Propries L. Systemic Flexibility, Production Fragmentation and Cluster Governance[J]. European Planning Studies, 2001, 9(6) : 739-753.

[25] Divya Christopher, AnkitaTanwar. Knowledge management in outsourcing environment:

People empowering people[J]. The IUP Journal of Knowledge Management, 2012, 10(2): 61-87.

[26] Foster, J. , and P. Wild. Econometric Modeling in the presence of evolutionary change[J]. Cambridge Journal of Economics, 1999, 23(6): 749-770.

[27] Foss, N J, Husted, K, Michailova, S , and Pedersen, T. Governing knowledge processes: Theoretical foundations and research opportunities[R]. CKG Working Paper, No 1, 2003, Center for Knowledge Governance, Copenhagen Business School, 2003 (1).

[28] Gilsing V. Cluster Governance: How Clusters Can Adapt and Renew Over time[R]. Copenhagen: Paper Prepared for the DRUID phD -Conference, 2000.

[29] Glogel L, Howell P, Hugh H, et al. Knowledge collaboration for IT support[EB/OL]. http: //www. thinkhdi. com/hdi2006/files /strategicAdvisoryboardpaperknowledgecollaboration. Pdf.

[30] Gonzalez Brambila, et al.Social Capital and the Creation of Knowledge[EB/OL]. http: / /isapapers. pitt. edu/101/1/2008-18_Gonzalez –Brambila. pdf.

[31] Granovetter M. , In Craig J. Calhoun, Joseph Gerteis, James Moody eds. . Economic Embeddedness : Contemporary sociological theory[M]. Oxford, UK, Blackwell Publishing, 2007.

[32] Hansen Nohria, Thoma Tieney. What: s Your Strategy For Management Knowledge[J]. Harvard Business Review, 1999(3).

[33] Hansen, M. T. The search-transfer Problem: the role of weak ties in sharing knowledge across organization subunits[J]. Administrative Science Quarterly. 1999, 44(l): 82-111.

[34] Hansen, M. T. Knowledge networks: explaining effective knowledge sharing in http: //www. tmcnet. com/, 2002.

[35] Hedlund G, Nonaka I. Models of knowledge management in the west and Japan[A]. Lorange, B. Implementing Strategic Processes, Change, and Cooperation. London: Macmillian, 1993.

[36] Howells J.Tacit knowledge, innovation and economic geography[J].Policy Research in Engineering, Science&Technology, 2002(5-6): 871-884.

[37] Huang Y F, Chen C J. The impact of technological diversity and organizational slack on innovation[J]. Technovation, 2010, 30(7/8): 420-428.

[38] Humphrey J. Schmitz, H. Governance and Upgrading in Global Value Chains[R]. A Background Paper for the Bellagion Value Chain Workshop, Institute of Development Studies, University of Sussex, Brighton, UK, 2000.

[39] Hutchins E.Cognition In The Wild[M].Boston: The MIT Press, 1995: 32.

[40] Inkpen, Andrew C. , Tsang, Eric W. K. Social capital, networks, and knowledge transfer[J]. Academy of Management Review, 2005, 30: 146-165.

[41] Janine Nahapiet, Sumantra Ghoshal. Social Capital, Intellectual Capital, and the Organizational Advantage[J].The Academy of Management Review, 1998, 23(2) : 242-266.

[42] J Mueller et al. Virtual worlds as knowledge management platform-a practice-perspective[J]. Information SystemsJournal, 2011, 21: 479-501.

[43] Joia L A, Lemos B. Relevant factors for tacit knowledgetransfer within organisations[J]. Journal of Knowledge Management, 2010(4) : 410-427.

[44] Kurt Dopfer. 经济学的演化基础[M]. 北京：北京大学出版社, 2011: 330-334.

[45] Karhu K, Taipale O, Smolander K. Outsourcing and knowledge management in software testing[C]. Evaluation andAssessment in Software Engineering Proceedings, 2007.

[46] KarlenzigW. Tap into the Power of Knowledge collaboration[EB/OL]. Dimension Data,

[47] Karl- Erik Sveiby, Roland Simons. Collaborative Climate and Effectiveness of Knowledge Work- an Empirical Study [J]. Journal of Knowledge Management, 2002, 6(5): 420-433.

[48] Kun Chang Lee, Sangjae Lee, Won Kang. KMPI: measuring knowledge management performance [J]. Information& Management, 2005 (42): 469- 482.

[49] La A. Organizational innovation. In: Fagerberg, J. , Mowery, D. C. , Nelson, R. R. (Eds.), The Oxford Handbook of Innovation[D]. Oxford University Press, Oxford, 2005: 115-147.

[50] Langen P.Governance in Seaport Clusters[J].Maritime Economics &Logistics, 2004, 56(6): 141-156.

[51] Laurie G, PaulaH, Harlan H, Robert L, Robert M, Ron M. Knowledge collaboration for IT support[EB/OL]. httpt: //www. helPdeskinstn/hdi2006/files/Strategic Adysory Board Paper KowledgeCollaboration. Pdf.

[52] Lee J. The impact of knowledge sharing, organizational capability and partnership quality on IS outsourcing success[J]. Information & Management, 2001(38): 323-335.

[53] Leijen H V, Baets W R J. A cognitive frame work for reengineering knowledge intensive Proeesses[C]. Proeeedings of the 36th Hawaii international Conference on System Seiences(HICSS'03), Hawaii, USA, 2002.

[54] Liao S. H. , Wu C. C. , Hu D. C. , et al. Relationships Between Knowledge Acquisition, Absorptive Capacity and Innovation Capability: An Empirical Study on Taiwan' s Financial and Manufacturing Industries[J]. Journal of Information Science, 2010, 36(1): 19-35.

[55] Lipnack J, Jeffrey S. Vitural Teams: Reaching Across Space, Time and Organizations with Technology [M]. NY: Wiley, 1997.

[56] Liu C, Ghauri P N, Sinkovics R R. Understanding the impact of relational capital and organizational learning on alliance outcomes[J]. Journal of World Business, 2010(45): 237-249.

[57] Louadi E. M. Knowledge heterogeneity and social network analysis – Towards conceptual and measurement clarifications[J]. Knowledge Management Research & Practice, 2008(6): 199–213.

[58] Malerba Franco.Learning by Firms and Incremental Technical Chang[J]. Economic Journal, Royal Economic Society, 1992, 102(413) : 845-859.

[59] March, G James, Simon, et al.Organizations[M]. New York: Wiley, 1958.

[60] Martin W. Wallin, Georg Von Krogh. Organizing for Open Innovation: Focus on the Integration of Knowledge[J]. Organizational Dynamics, 2010, 39(2): 145-154.

[61] Mckelvey M, Almb H, RiccaboniI M.Does co-location matter for formal knowledge collaboration in the Swedish biotechnology-pharmaceutical sector [J]. Research Policy, 2003(32) : 483-501.

[62] Michele Swift, David B. Balkin, Matusik. et al. Goal Orientations and the Motivation to Share Knowledge[J]. Journal of Knowledge Management, 2010(3): 378-393.

[63] Nahapiet J, Ghoshal S. Social Capital, Intellectual Capital, and the Organizational Advantage[J]. Academy of Management Review, 1998, 23(2): 242-266.

[64] Narayanan, V. K. , Yang, Y. and Zahra, S. A. Corporate venturing and value creation: a review and proposed framework[J]. Research Policy, 2009, 38: 58-76.

[65] Nicolai J. Foss. The Emerging Knowledge Governance Approach: Challenges and

Characteristics[J]. Organization, 2007, 14(1): 29-52.

[66] Nonaka I, Takeuchi H. The Knowledge Creating Company: How Japanese Companies Create The Cynamics Of Innovation[M].UK: Oxford University Press, 1995.vii, 238.

[67] Nonaka, Ikujiro; Takeuchi, Hirotaka(1995). The knowledge creating company: how Japanese companies create the dynamics of innovation[M]. New York: Oxford University Press, 284.

[68] Nooteboom B, Haverbekeb W V, Duystersc G, et al. Optimal cognitive distance and absorptive capacity[J]. Research Policy, 2007, 36(7): 1016-1034.

[69] Paul Gooderham, Dana B. Minbaeva, Governance Mechanisms for the Promotion of Social Capital for Knowledge Transfer in Multinational Corporations[J]. Journal of Management Studies, 2011, 48(1) : 123-150.

[70] Pease, A. , J. Li. Agent-mediated knowledge engineering collaboration, in Agent-Mediated Knowledge Management. 2004: 405-415.

[71] Phelps C C. A longitudinal study of the influence of alliance network structure and composition on firm exploratory innovation[J]. Academy of Management Journal, 2010, 53(4): 890-913.

[72] Polanyi.The Tacit Dimension[M].Gloucester MA: PeterSmith Publisher Inc, 1966.

[73] Porter, M. E. . Location, Competition and Economic Development: Local Clusters in a Global Economy[J]. Economic Development Quarterly, 2000(14): 15-34.

[74] Prigogine, I. , and I. Stengers. Order Out of Chaos: Man’s New Dialogue with Nature[M]. Boulder, CO, and London: New Science Library and Heinemann, 1984.

[75] Reagans, R. &MeEvily, B. Network structure and knowledge transfer: the effects of cohesion and range[J]. Administrative Science Quarterly, 2003, 48(2): 240-267.

[76] RodanS, Galunic C. More than network structure: how knowledge heterogeneity Influences managerial performance and innovativeness [J]. Strategic Management Journal, 2004, 25(6): 541-562.

[77] Rowley T, Behrens D, Krackhardt D. Redundant governance structures: an analysis of structural and relational embeddedness in the steel and semiconductor industries[J]. Strategic Management Journal, 2000, 21(3): 369-386.

[78] Seibert Scott E, Kraimer Maria L, Liden Robert C. A Social Capital Theory of Career

Success[J]. Academy of Management Journal, 2001, 44 (2): 219 - 237.

[79] Senge, P. A quintadisciplina: arte e prática da organizaçãoqueaprende. São Paulo: Best Seller, 2010.

[80] Suppiah V, Sandhu M S. Organizational culture' s influence on tacit knowledge-sharing behavior[J]. Journal of Knowledge Management, 2011(15): 462-363.

[81] Taylor A. , Greve H. R. Superman or the Fantastic Four? Knowledge Combination and Experience in Innovative Teams[J]. Academyof Management Journal, 2006, 49(4): 723-740

[82] Tonguy Coenen. Knowledge sharing over social networking systems[D], Vrije Universiteit Brussel, 2006.

[83] Uzzi, B. The sources and consequences of embeddedness for the economic Performance of organizations: the network effect[J]. American Sociology Review, 1996, 61(4): 674-698.

[84] Uzzi, B. Social Structure and Competition in Interfirm Networks: the Paradox Of embeddedness[J]. Administrative Science Quarterly, 1997, 42(l): 35-67

[85] Uzzi, B. &Laneaster, R. Relational embeddedness and leaming: the case of Bank loan managers and their clients[J]. Management Science, 2003, 49(4): 383-399.

[86] Van de Vrande D. Balancing your technology-sourcing portfolio: How sourcing mode diversity enhances innovative performance[J]. Strategic Management Journal, 2013, 34(5): 610-621.

[87] Wilton Chun Wa Hung. A Social Network Analysis of the Multidisciplinary Knowledge Creation Process [D]. Canada: University of Waterloo, 2006.

[88] W S Christine, T M Devinney, D F MidgleyI. The process of knowledge creation in organizations [EB/OL]. [2006-04-19]. http: //www. london. edu /assets /documents /PDF /Devinney_paper. pdf.

[89] Yanliguo, Jianbin Chen. A Case Study: Social Network and Knowledge Sharing[C]. the International Conference on E-Business and E-Government (iCEE2010).

[90] 蔡宁，吴结兵，殷鸣. 产业集群复杂网络的结构与功能分析[J]. 经济地理，2006，26（3）：378-382.

[91] 曹高辉，王学东，赵文军，谢辉，毛进. 基于知识交流网络分析的虚拟团队知识共享治理研究[J]. 情报科学，2011（6）：810-815.

[92] 曹勇，黎仁惠，王晓东. 技术转移中隐性知识转化效果测度模型及其应用[J]. 科研管理，2010，31（1）：1-8.

[93] 陈建斌，徐凯波，薛云. 企业2.0视角下的知识协同自组织分析模型研究[J]. 经济问题，2013（4）：55-58.

[94] 陈昆玉，陈昆琼. 论企业知识协同[J]. 情报科学，2002（9）：986-989.

[95] 陈立华，除建初. Wiki：网络时代协同工作与知识共享的平台[J]. 中国信息导报，2005（1）：51-54.

[96] 陈雅莉. 虚拟研发团队成员选择的模糊综合评判方法研究[J]. 河南理工大学学报（自然科学版），2009（1）：132-136.

[97] 陈璐，赵峥，井润田. 个人人际网络特征对虚拟团队成员绩效影响的实证研究[J]. 管理学报，2009，6（9）：1250-1254.

[98] 陈劲，阳银娟. 外部知识获取与企业创新绩效关系研究综述[J]. 科技进步与对策，2013（12）：1-6.

[99] 陈伟，等. 企业技术创新过程中知识转移研究——基于信息论视角[J]. 情报杂志，2011（12）：120-126.

[100] 邓春平，毛基业. 控制、吸收能力与知识转移——基于离岸 IT 服务外包业的实证研究[J]. 管理评论，2012（24）：131-140.

[101] 邓春平，毛基业. 关系契约治理与外包合作绩效：对日离岸软件外包项目的实证研究[J]. 南开管理评论，2008，11（4）：25-33.

[102] 董俊武，何维劲. 中国服务外包示范城市产业发展政策比较研究[J]. 广东商学院学报，2012，27（5）：53-59.

[103] 杜荣，曹卓琳，等. 软件外包中社会资本对知识共享的影响研究[J]. 管理学报，2012，9（9）：1338-1342.

[104] 杜宝苍，李朝明. 高新技术企业协同知识创新绩效影响因素实证研究[J]. 科技管理研究，2013（12）：172-176.

[105] 段君伟. 广东省技术创新政策实施效果评估研究[D]. 广州：暨南大学，2007.

[106] 淡金华，赵捧未. 基于百度知识的知识自组织现象及启示[J]. 科技情报开发与经济，2009（2）：114-116.

[107] 樊治平，冯博，俞竹超. 知识协同的发展及研究展望[J]. 科学学与科学技术管理，2007（11）：85-91.

[108] 冯博. 网络环境下的知识协同管理问题研究[D]. 沈阳：东北大学工商管理学院，2006.

[109] 方德英，陈建斌，徐凯波. IT 服务外包中复杂知识网络协同演化概念模型研究[C]. 第六届（2011）中国管理学年会论文集，重庆，2011.

[110] 谷峰. 开放式创新模式下知识治理的影响因素及其内在机理[J]. 情报杂志，2011（6）：135-138.

[111] 洪超. 安徽省企业技术创新政策效果的比较研究[D]. 合肥：中国科学技术大学，2009.

[112] 黄烨菁. 跨国服务外包中的知识转移——以软件外包为对象[J]. 科研管理，2012，33（6）：40-47.

[113] 黄佳. 自组织理论框架下的 Web 2. 0 信息有序化研究[J]. 图书情报知识，2008(5)：13-18.

[114] 和金生，李江. 知识发展的类生物模型[J] . 科学学研究，2008，26（ 4） ：679- 684.

[115] 简兆权，刘荣，招丽珠. 网络关系、信任与知识共享对技术创新绩效的影响研究[J]. 研究与发展管理，2010（4）：64-71.

[116] 柯江林，孙健敏，石金涛，等. 企业 R&D 团队之社会资本与团队效能关系的实证研究——以知识分享与知识整合为中介变量[J]. 管理世界，2007（3）：89-101.

[117] 柯平. 知识管理学[M]. 北京：科学出版社，2007：115-117.

[118] 蒋天颖，季伟伟，施放. 制造业企业组织学习对组织绩效影响的实证研究[J]. 科学学研究，2008（5）：1046-1051.

[119] 雷宏振，李清，常小鑫. 基于 Web 2. 0 环境的企业内部知识协同过程研究[J]. 现代情报，2013（7）：134-137.

[120] 雷森. 集群规模与绩效基于知识异质性的调节作用[D]. 成都：西南财经大学，2013.

[121] 李海波，刘则渊，丁堃. 基于复杂适应系统理论的组织知识系统主体研究[J]. 科技管理研究，2006（7）：199- 202.

[122] 李光生，张韬，黄介武. 协作文化与领导角色对知识共享的影响作用研究[J]. 科技进步与对策，2009（10）：104-108

[123] 李柏洲，徐广玉. 共享心智模式、组织学习空间与创新绩效关系的研究[J]. 科学学与科学技术管理，2013（10）.

[124] 李涵. 促进我国金融服务外包发展的税收政策研究[D]. 南京：南京财经大学，2012.

[125] 李彦勇，等. 基于 I-P-O 模型的国内虚拟创新团队研究综述[J]. 科技进步与对策，2013（2）：157-160.

[126] 李东琴. 知识资本与企业绩效的关系研究[M]. 杭州：浙江大学出版社，2004.

[127] 李红玲. 知识转移阻隔解析—从知识本体的视角出发[J]. 科技管理研究，2009（3）：216-219.

[128] 李倩，程刚. 企业隐性知识共享模型研究[J]. 情报理论与实践，2014（2）：100-104.

[129] 李世杰. 基于集群剩余索取权的产业集群治理机制研究[J]. 管理世界，2013（7）：178-179.

[130] 李维安. 探求知识管理的制度基础：知识治理[J]. 南开管理评论，2007（3）：1.

[131] 林健，王亚洲. 创新资源整合、团队互动与协同创新绩效[J]. 中国高校科技，2013（4）：52-55.

[132] 林山，蓝海林，黄培伦. 组织学习、知识创新与组织创新的互动研究[J]. 科学管理研究，2004（5）：26-28，82.

[133] 刘恒江，陈继祥. 要素、动力机制与竞争优势：产业集群的发展逻辑[J]. 中国软科学，2005，21（2）：125-130.

[134] 刘景东，党兴华. 不同知识位势下知识获取方式与突变创新的关系研究[J]. 管理评论，2013（7）：88-98.

[135] 刘芹. 产业集群治理的内涵和模式研究述评[J]. 科技管理研究，2009，29（4）：240-242.

[136] 罗珉，张晟义，刘永俊. 高新技术企业知识治理绩效研究[J]. 科研管理，2010（3）：1-9.

[137] 刘秋岭，梁高飞. 企业知识系统耗散结构的形成及演化[J]. 科学管理研究，2006，24（4）.

[138] 刘慧敏，王刊良，田军. 虚拟科研团队中的信任、冲突与知识共享的关系研究[J]. 科学学与科学技术管理，2007，6.

[139] 刘佳佳，陈涛，朱智洺. 企业社会资本与知识共享关系研究——以知识获取为中介变量[J]. 科技进步与对策，2013，1.

[140] 闵庆飞，等. 中国虚拟团队研究元分析：2000-2008[J]. 科技与管理，2010（1）：79-81.

[141] 彭纪生，赵步同. 论知识管理与自组织理论[J]. 系统辩证学学报，2005（1）：37-41.

[142] 綦良群. 高新技术产业政策管理体系研究[D]. 哈尔滨：哈尔滨工程大学，2005

[143] 綦良群，于颖，朱添波. 高新技术产业政策评估要素的系统分析[J]. 中国科技论坛，2008，29（4）：11-15.

[144] 乔梅，张春颖，等. 企业知识创新的 ESEK 协同激励研究[J]. 科技进步与对策，2010，27（14）：78-80.

[145] 曲刚，李伯森. 团队社会资本与知识转移关系的实证研究：交互记忆系统的中介作用[J]. 管理评论，2011，23（9）：109-118.

[146] 全立新. 软件服务外包产业政策支持的比较和启示——以成都和大连为例[J]. 对外经贸，2012（3）：74-76.

[147] 全立新，董展眉. 长沙发展软件服务外包产业的政策支持[J]. 科技管理研究，2013（4）：43-46.

[148] 任迎伟，张宁俊. 知识吸收能力面临的科层困境及组织创新中引入市场机制分析[J]. 四川大学学报（哲学社会科学版），2008（2）：107-112.

[149] 任慧. 知识联盟运行绩效评价维度的建构：以战略联盟为视角的比较分析[J]. 情报杂志，2011（7）：104-108.

[150] 任志安. 超越知识管理：知识治理理论的概念、框架及应用[J]. 科研管理，2007（1）：20-26.

[151] 荣泰生. AMOS 与研究方法[M]. 重庆：重庆大学出版社，2009.

[152] 芮明杰，陈娟. 高技术企业知识体系概念框架及其内部互动模型——一个解释知识创新过程的新框架[J]. 上海管理科学，2004（2）.

[153] 孙道银，宋维翔. 社会资本对知识共享意愿影响的实证研究[J]. 情报杂志，2012，31（6）：125-129.

[154] 宋倩倩，等. 自组织知识系统与他组织知识系的网络结构比较分析[J]. 情报理论与实践，2010（3）：115-119.

[155] 施慧斌. 知识协同概念分析及其心理契约研究[D]. 沈阳：东北大学，2008.

[156] 史丽萍，杜泽文，刘强. 交互记忆系统对知识团队绩效作用机制研究[J]，科技进步与对策，2013（4）：132-137

[157] 盛小平，田倩. 企业 2. 0 在知识管理中的应用研究[J]. 情报理论与实践，2011（2）：46-48.

[158] 沈惠敏，柯青，刘高勇. 知识协同社区分析模型的构建——基于实证研究方法[J]. 情报杂志，2013（2）：121-127.

[159] 苏震. 基于 BLOG 平台的协同知识创新行为分析[J]. 情报科学，2006（6）：910-914.

[160] 孙锐，赵坤. 知识型企业知识状态系统演变的知识治理模式[J]. 理论探讨，2008（2）：74-78.

[161] 谭跃进，吴俊. 网络结构熵及其在非标度网络中的应用[J]. 系统工程理论与实践，2004，24（6）：1-3.

[162] 田锋，李人厚，顾新华，等. 协同设计中人力资源、组织和知识管理的研究[J]. 系统工程理论与实践，2003（7）：17-23.

[163] 田鹏，王伟军，彭洁. Web 2. 0 环境特征对组织中知识共享绩效的影响研究[J]. 情报科学，2012（6）：801-806，810.

[164] 田雯. 通过激活社会资本在虚拟社区中实现知识共享：来自中国在线社交网络的发现[D]. 合肥：中国科学技术大学，2011.

[165] 田野，杜荣. 离岸 IT 服务外包中的跨文化知识共享研究[J]. 情报杂志，2011（4）：95-101.

[166] 佟泽华. 知识协同及其与相关概念的关系探讨[J]. 图书情报工作，2012，56（8）：107-112.

[167] 吴成锋，王玉梅，单伟. 基于知识共享与知识创新提升供应链核心竞争力的研究[J]. 情报杂志，2010（7）.

[168] 吴悦. 产学研协同创新的知识协同过程研究[J]. 中国科技论坛，2012（10）：17-23.

[169] 王娟茹，赵嵩正. 虚拟团队知识转移机理研究[J]. 情报杂志，2007，5.

[170] 吴绍波，顾新. 知识链组织之间合作的知识协同研究[J]. 科学学与科学技术管理，2008（8）：83-87.

[171] 吴渝，肖开洲，等. BBS 虚拟社区的演化规律探索与仿真[J]. 系统工程理论与实践，2010（10）：1883-1890.

[172] 王大勇，陈方正. 论知识资本价值增值性质[J]. 南京理工大学学报（社会科学版），2007，20（6）：1-7.

[173] 王凤彬，江鸿，吴隆增. 社会资本与核心能力关系研究：以知识创造为中介变量[J]. 科学学研究，2008，26（3）：612-618.

[174] 王慧. 企业集团内部知识协同研究[D]. 济南：山东大学，2009.

[175] 王晓红，张宝生. 虚拟科技创新团队内部知识流动能力影响因素研究[J]. 技术经济与管理研究，2010（3）：36-37.

[176] 王晓红，张宝生，陈浩. 虚拟科技创新团队成员选择决策研究——基于多级可拓综合评价[J]. 科研管理，2011，32（3）：108.

[177] 王学东，易名，占旺国. 虚拟团队中知识共享的社会网络嵌入性视角[J]. 情报科学，2009，27.

[178] 王伟军，等. 利用 DotNetNuke 构建基于 Web 2. 0 的知识管理平台[J]. 现代图书情报技术，2007（7）.

[179] 王颖，彭灿. 知识异质性与知识创新绩效的关系研究[J]. 科学进步与对策，2012，29（4）：119-123.

[180] 王忠. 印度电子信息产业政策研究[J]. 亚太经济，2013（4）：69-73.

[181] 王雎. 开放式创新下的知识治理——基于认知视角的跨案例[J]. 南开管理评论，2009（3）：45-53.

[182] 魏江，周泯非. 产业集群治理：理论来源、概念与机制[J]. 管理学家（学术版），2009（6）：50-59.

[183] 韦小鸿，吴冠雄. 金融安全的政府干预模式：协商性调控的简单博弈模型及实证研究[J]. 学术论坛，2009，32（6）.

[184] 吴际. HEM 企业组织创新与技术创新协同机制及演化动力机理[D]. 哈尔滨：哈尔滨工业大学，2013.

[185] 吴洁，刘思峰，施琴芬. 企业知识转移的熵模型[J]. 统计与决策，2007（1）：141-143.

[186] 吴岩. 创业团队的知识异质性对创业绩效的影响研究[J]. 科研管理，2014，35（7）：84-90.

[187] 吴兆礼. 安徽发展服务外包的经济效应分析[D]. 太原：山西财经大学，2011.

[188] 肖振红，李妍. 隐性知识对企业竞争优势作用机理的实证研究[J]. 哈尔滨工程大学学报，2014（2）：1-5.

[189] 许国志，顾基发，车宏安. 系统科学[M]. 上海：上海科技教育出版社，2000，9.

[190] 许慧，郭丕斌. 基于知识管理的知识密集型服务业创新研究[J]. 山西农业大学学报，2010（4）.

[191] 许强，郑晓丹. 母子公司组织协同、知识协同与创新绩效的关系研究[J]. 科技进步与对策，2010（16）：143-146.

[192] 徐少同，孟玺. 知识协同的内涵、要素与机制研究[J]. 科学学研究，2013（7）：976-982.

[193] 徐侠，李树青. 高新技术产业政策初探[J]. 经济师，2003（4）：23-24.

[194] 席运江. 复杂网络模型构建及其在知识系统中的应用[D]. 大连：大连理工大学，2006.

[195] 向志强. 知识产业的界定[J]. 管理与科学，2006（6）：15.

[196] 杨利军. 供应链知识协同对企业竞争力提升的作用分析[J]. 科技管理研究，2011（5）：173- 175.

[197] 严娜，孙凌，李宏轩. 从知识组织到知识自组织[J]. 情报科学，2001（7）：766-769.

[198] 杨雪绒. 知识转移对组织绩效的影响研究：知识满意度的中介检验[J]. 情报杂志，2011（3）：119-123.

[199] 杨慧. 产业集群治理研究述评[J]. 生产力研究，2007，30（1）：148-150.

[200] 叶江峰，任浩，陶晨. 知识异质度推进企业创新的机制研究——基于文献回顾与整体框架构建[J]. 科学学与科学技术管理，2014，35（9）：120-129.

[201] 易秋平，刘友金. 产业集群治理研究文献综述与展望[J]. 湖南科技大学学报（社会科学版），2011，14（5）：69-73.

[202] 游达明，朱思文. 突破性技术创新中隐性知识吸收过程及规律研究[J]. 科技进步与对策，2014，网络优先出版.

[203] 员巧云，Peter A. Gloor. Web 2. 0 环境下网络知识创新螺旋转化模型 SE-IE-CI 研究[J]. 中国图书馆学报，2013（2）：63-70.

[204] 曾宇容，杨静. 组织间信任、社会互动、知识获取对组织创新绩效的影响研究——以浙江企业为例[J]. 科技管理研究，2013，13：154-158.

[205] 张华，张向前. “你是谁”与“你认识谁”：个体属性与网络对知识创新的交互研究评述[J]. 科技进步与对策，2013（11）：154-160.

[206] 张金成，陶峻. 知识密集型服务企业的知识创新体系[J]. 中国流通经济，2005（4）.

[207] 张雪. 客户协同产品创新中知识创造绩效的影响因素——基于过程视角的实证研究[J]. 技术经济，2013（4）：14-19.

[208] 赵大丽，左美云. IT 服务接包企业知识整合的困境及其治理策略[J]. 兰州学刊，2011（1）：58-62.

[209] 郑国光，程骏，李怀祖. 软件开发虚拟团队在知识转移中的作用研究[J]. 情报杂志，2007，10.

[210] 郑作龙，朱凤青，孟庆伟，黄富强. 行动视域下隐性知识探析——基于波兰尼视角和“行动的体现”理论的考究[J]. 科学学研究，2013（10）：1453-1458.

[211] 周贺来. 基于治理视角的知识黏性削弱对策研究[J]. 科学学与科学技术管理，2008（6）：90-93.

[212] 朱亚丽. 基于社会网络视角的企业间知识转移影响因素实证研究[D]. 杭州：浙江大学，2009.

[213] 朱冰心，胡一竑. 基于复杂网络理论的供应链应急管理研究[J]. 物流技术，2007（11）：147-150.

[214] 张丹，吕程. 知识资本与企业绩效的关系研究——基于信息技术业上证 A 股上市公司的实证分析[J]. 会计之友，2013（3）：81-84.

[215] 张晓棠，荆心. 关系型社会资本与企业知识获取绩效研究[J]. 商业时代，2012（18）：90-91.

[216] 曾德明，文小科，陈强. 基于知识协同的供应链企业知识存量增长机理研究[J]. 中国科技论坛，2010（2）：77-81.

[217] 郑晓涛，郑兴山，石金涛. 员工社会资本对其组织承诺的影响[J]. 管理评论，2008，20（5）：15-20.

[218] 周海炜，姜骞. IT 外包接包企业知识管理对外包成功的影响研究——知识黏滞性的调节作用[J]. 科学学与科学技术管理，2012，33（11）：71-78.

[219] 周芳，郭岩. 供应链企业的社会资本、知识分享与创新绩效研究[J]. 财经问题研究，2012（12）：37-44.

[220] 商务部新闻办公室. 加快发展服务外包，提升开放型经济发展水平[EB/OL]. http：//www. mofcom. gov. cn/article/ae/ai/201312/20131200426755. shtml.

[221] 中国服务外包研究中心. 中国服务外包发展报告 2013.

[222] 中国服务外包网. 2014 年中国服务外包产业十大预测[EB/OL]. http：//www. chnsourcing. com. cn/outsourcing-news/article/71917. html.